KNAUR

Über die Autorin:
Sophie Seeberg ist Diplom-Psychologin und arbeitet seit fast zwanzig Jahren als Sachverständige für verschiedene Familiengerichte. Ihre Aufgabe ist es, Gutachten für das Gericht zu erstellen. Regelmäßig arbeitet sie dabei auch eng mit dem Jugendamt zusammen. Von ihren skurrilsten und außergewöhnlichsten Fällen berichtet sie in diesem Buch. Selbstverständlich wurden alle Fälle fiktionalisiert, um die Anonymität zu wahren.

Sophie Seeberg

Die Schakkeline ist voll hochbegabt, ey!

Aus dem Leben einer Familienpsychologin

KNAUR

Besuchen Sie uns im Internet:
www.knaur.de

FSC
www.fsc.org
MIX
Papier aus verantwortungsvollen Quellen
FSC® C083411

Originalausgabe Dezember 2013
Knaur Taschenbuch

Ein Unternehmen der Droemerschen Verlagsanstalt
Th. Knaur Nachf. GmbH & Co. KG, München

Umschlaggestaltung: ZERO Werbeagentur, München
Umschlagabbildung: FinePic®, München
Satz: Adobe InDesign im Verlag
Druck und Bindung: CPI books GmbH, Leck
ISBN 978-3-426-78603-1

4 5 3

Vorwarnung

Kürzlich war ich auf dem Weg zu einem Gesprächstermin. Ich sollte einen Vater treffen, der einen nicht ganz normalen Beruf ausübt: Er verdiente seinen Lebensunterhalt als Kleinkrimineller. Zu unserem ersten Gesprächstermin tauchte er nicht auf, was nicht ungewöhnlich ist. Hinterher werden mir dann oft die wildesten Ausreden aufgetischt. Dieser Vater aber war tatsächlich verhindert. Er hatte sich in der Nacht ein paar Schnäpse zu viel genehmigt, war dann auf der Straße neben seinem Bollerwagen voller Diebesgut eingeschlafen und wurde so von der Polizei aufgefunden.

Eine kuriose Geschichte? Auf jeden Fall! Trotzdem ist der Job einer Gerichtsgutachterin in Familien- und Sorgerechtsangelegenheiten zunächst einmal alles andere als lustig. Schließlich werde ich immer erst dann mit der Erstellung eines Gutachtens beauftragt, wenn sich getrennt lebende Eltern darüber streiten, bei wem ihr Kind in Zukunft wohnen soll, oder wenn es Hinweise darauf gibt, dass das Wohl eines Kindes in seiner Familie gefährdet ist. Nicht lustig.

Manche Fälle beinhalten aber bei aller Ernsthaftigkeit, die selbstverständlich immer die Grundlage meiner Arbeit darstellt, eine unfreiwillige Komik, der ich mich oft nicht entziehen kann.

Genau genommen habe ich im Laufe der Jahre einen speziellen Blick für solche skurrilen Situationen entwickelt. Damit bin ich nicht allein. Das ist eine bekannte Reaktion, die sich bei vie-

len Berufsgruppen einstellt, um die Belastungen des Jobs besser aushalten zu können.
Einmal konnten wir bei unserem Psychologen-Stammtisch kaum das eigene Wort verstehen, weil die zwölf Menschen am Nebentisch so unfassbar oft und laut gelacht haben. Es handelte sich um einen Ärzte-Stammtisch. Ich weiß aber auch von Fließbandarbeitern, denen stillschweigend erlaubt wird, eine kleine, harmlose Portion Wahnsinn auszuleben, um der Monotonie zu entfliehen: Das können kleine Streiche sein, die sich die Kollegen untereinander spielen, oder Übersprunghandlungen, bei denen alle Toilettentüren herausgeschraubt werden, bis hin zu einer improvisierten Strandbar aus Bastmatten zwischen zwei großen Maschinen mitten in der Werkshalle.
Der Mensch versucht offenbar, Stress so gut es geht zu verarbeiten oder erst gar nicht entstehen zu lassen. Bei mir funktioniert das meist, indem ich innerlich einen Schritt zurücktrete, um Distanz zur jeweiligen Situation zu gewinnen. Und meist wird mir dann bewusst, wie komisch oder skurril das Geschehen gerade ist.

Es gibt natürlich auch andere Wege, mit emotional belastenden Arbeitsbedingungen umzugehen. Neben einer guten Ausbildung und sogenannten Supervisionsgruppen, in denen man sich mit Kollegen austauschen kann, gibt es auch individuelle Mechanismen, die helfen, mit den Belastungen fertig zu werden.
Manche meiner Kollegen gehen regelmäßig joggen, andere machen am Feierabend etwas Kreatives wie Malen oder Musizieren, wieder andere gehen gerne Holz hacken und schreien dabei. Gerade Letzteres erschien mir immer wieder als eine sinnstiftende Alternative, und ich tat es nur deswegen nicht,

weil ich bei der Handhabung von gefährlichen Werkzeugen wie einer Axt generell eher zur Ungeschicklichkeit neige. Die Vorstellung, im Wald herumzuhumpeln, um meinen abgetrennten Fuß zu suchen, entspricht nicht meiner Vorstellung von Stressreduktion.
Da ist mir die Fähigkeit, die Dinge durch die Brille der Skurrilität zu sehen, deutlich lieber – und das ist auch weniger schmerzhaft.

Aber damit Sie nachher nicht sagen, ich hätte Sie nicht gewarnt, tue ich jetzt genau das: Achtung, Achtung! Dieses Buch ist eine emotionale Achterbahnfahrt! Einige Fälle, die ich in diesem Buch schildere, sind schockierend und stellenweise traurig – manchmal ist Humor einfach nicht angebracht. Andere werden Sie, liebe Leser, vielleicht wütend machen oder Sie dazu veranlassen, eine Axt zu kaufen, um damit in den Wald zu gehen. Tun Sie das nicht, bevor Sie weitergelesen haben, denn daneben werde ich Ihnen eben auch Geschichten erzählen, die rührend sind und zeigen, dass Menschen zum Wohl ihrer Kinder Großartiges leisten können. Und Geschichten, die Sie bei aller Dramatik zum Lachen bringen werden.

Aber was hat mich letztlich dazu veranlasst, ein Buch über meine Arbeit zu schreiben?
Mein Vater schrieb schon immer wie ein Besessener: Tagebücher, Geschichten für uns Kinder, Reiseberichte, Gedichte, Fachbücher und vieles mehr. Als ich noch ein Kind war, sah das für mich nach »Arbeit« aus, aber er erklärte mir, dass das Schreiben seine allerliebste Beschäftigung sei und es ihm dabei und danach immer gutgehe. Beeindruckt davon, fing ich auch schon als Schulkind damit an und stellte fest, dass es mir ebenso guttat.

Nachdem ich einem guten Freund in mehreren E-Mails von dem einen oder anderen skurrilen Fall erzählt hatte, sendete er sie schließlich ungefragt an eine befreundete Lektorin. Meine ursprüngliche Fassungslosigkeit über diese infame Tat schlug schließlich um in Überraschung, denn die Lektorin war sehr angetan und schlug mir vor, ein Buch aus meinen Erfahrungen zu machen.
Nun ist es eine Sache, einem Freund etwas zu mailen, aber eine ganz andere, für viele fremde Menschen zu schreiben. Meine Sorge war – und ist – groß, dass man mir vorwirft, dramatische Fälle nicht mit der nötigen Ernsthaftigkeit zu behandeln.
Glauben Sie mir, das war und ist nicht der Fall. Während ich an Fällen arbeite, gehe ich ernsthaft und mit großer Sorgfalt vor. Den Blick für Skurrilitäten krame ich immer erst nach Feierabend hervor.

Die Familien in diesem Buch sind in keinem Fall ein direktes Abbild unserer Gesellschaft.
Natürlich präsentieren sich mir diese Fälle in konzentrierter Form, denn niemand braucht eine Gerichtsgutachterin, um festzustellen, dass die Wohnungen sauber und die Kinder glücklich sind.
Und seien Sie versichert: Einer auf den ersten Blick erschreckend großen Anzahl an demotivierten Jugendamtsmitarbeitern, ignoranten Anwälten und unfähigen Richtern steht in der Tat eine Legion an großartigen Fachkräften gegenüber, die hervorragende Arbeit leisten und so tagtäglich die Zukunft unzähliger Kinder retten und die Lebensumstände für viele verzweifelte Menschen entscheidend verbessern.

Sie passieren also jetzt den »Point of no Return«, ab diesem ich keine weiteren Warnungen mehr aussprechen werde. Sollten Sie bei der Lektüre doch hin und wieder zweifeln, lesen Sie bitte dieses Vorwort noch einmal durch. Sie wurden hiermit gewarnt.

Sophie Seeberg, August 2013

Ein ganz normaler Tag

09:00 Uhr

Gespräch im Jugendamt mit einer Mitarbeiterin, die ich schon von einigen gemeinsamen Fällen her kenne. Sie ist engagiert, schreibt hervorragende Berichte und hat immer das Wohl der Kinder im Blick. Zudem wirkt sie stets rundum positiv, verfügt über einen tollen Humor, und man hat den Eindruck, als könne sie nichts erschüttern. Am Ende des Gesprächs berichtet sie mir launig, dass sie wegen Burn-out, Depressionen und Alkoholproblemen in stationärer Behandlung war, nun aber wieder alles gut sei und sie wieder richtig loslegen könne. Plötzlich wirkt ihr selbstsicheres Lächeln für mich aufgesetzt, und ich bemerke, dass sie zittert. Als sie lacht, weht eine Alkoholfahne zu mir herüber, und ich hoffe, dass sie von ihrem Mundwasser herrührt.

11:00 Uhr

Telefonat mit der zuständigen Erzieherin eines Geschwisterpaares im Grundschulalter, das im Heim lebt, nachdem sich die Eltern nicht mehr um sie kümmern konnten. Der Vater befindet sich im Drogenentzug, die Mutter ließ sich psychiatrisch behandeln, weil sie unter Depressionen litt. Sie hat mir außerdem gestern im persönlichen Gespräch mit ruhiger Stimme und wohlformulierten Argumenten erklärt, warum sie möchte, dass ihre Kinder wieder zu ihr ziehen. Gegen Ende des Gesprächs wechselte eine Krankenschwester die Bandagen, unter denen die frischen Wunden des dritten Selbstmordversuchs verheilen. Der Vater hätte auch gerne die Kinder bei sich, kann sich aber weder an die Namen noch das Alter der beiden erinnern. Er ist sich aber ganz sicher, dass es zwei waren.

14:00 Uhr

Termin in einer Grundschule. Es geht um einen verhaltensauffälligen achtjährigen Jungen und die Frage, ob ein Wechsel auf eine Schule mit besonderen Fördermöglichkeiten sinnvoll beziehungsweise notwendig ist. Im Rahmen der Begutachtung steht auch ein Gespräch mit der Lehrerin des Jungen und der Rektorin der Schule an.

Normalerweise sind Gespräche mit Fachleuten kaum bemerkenswert, eher angenehm und finden in den immer gleichen Besprechungszimmern statt, in denen sich ein runder Tisch befindet, auf dem Kaffee steht, zu dem es Süßstoff und »Kaffeeweißer«, also Milchpulver, gibt. Nicht so dieses Mal.

Die ca. sechzigjährige Lehrerin empfängt mich mit einem kurzen bunten Kleidchen und verschiedenfarbigen Overknees. Sie hat rote Zöpfe und wahnsinnig viele Sommersprossen. Während ich noch staune, werde ich von einem blauen Bären bzw. der Rektorin begrüßt. Im Besprechungsraum stehen mehrere leere Sektflaschen auf dem Tisch. Weit und breit kein

Kaffee. Dürfen Lehrer bei der Arbeit eigentlich Sekt trinken? Noch während ich darüber nachdenke, wird mir schwungvoll ein Tablett mit Mettbrötchen unter die Nase gehalten, wobei der Brötchenbelag ganz sicher einmal eine andere Farbe gehabt haben muss. »Greifen Sie zu!« Nein danke.
Immerhin habe ich inzwischen begriffen, dass die Grundschule heute wohl Karneval feiert.
Ich habe mit Konzentrationsproblemen zu kämpfen. Es ist nicht einfach, sich mit einem blauen Bären und Pippi Langstrumpf über pädagogische Inhalte und die möglichen Ursachen von Verhaltensauffälligkeiten zu unterhalten. Aber man gewöhnt sich ja bekanntlich an alles, und nach einiger Zeit kann ich das Gespräch führen wie jedes andere Fachgespräch. Die Pädagoginnen erweisen sich glücklicherweise als kompetent und am Wohl des Kindes interessiert. Nur gegen Ende des Gesprächs komme ich noch einmal aus dem Tritt: Ein sehr, sehr dicker Fliegenpilz mit knallrosa Lippenstift reißt die Türe auf, schwenkt ein Tablett mit halb gefüllten Plastikbechern und trompetet ein fröhliches »Sektchen??!« in die Runde.

15:00 Uhr

Hausbesuch bei einem Ehepaar, dessen Kinder vor einigen Wochen vom Jugendamt in Obhut genommen wurden. Es bestand der Verdacht auf Vernachlässigung der Kinder. Die Eltern erklären, alle Vorwürfe seien erfunden. Wenn die Lehrer, Sozialarbeiter und die Kinder selbst etwas anderes behaupten würden, so sei das gelogen. Die Kinder hätten ja ohnehin schon »immer dauernd so Geschichten erzählt«. Das sei ihnen nicht »auszutreiben« gewesen. Nicht einmal »ein paar hintendrauf« hätten viel Wirkung gezeigt. Daraufhin brummelt der Vater, das sei ja »kein richtiges Schlagen«. Die Mutter nickt.

Schließlich geben sie zu, dass die Kinder tatsächlich mehrfach nachts alleine auf der Straße gewesen seien. Dies sei aber wirklich nicht ihre Schuld gewesen, schließlich seien die Kinder jedes Mal »heimlich abgehauen«. Was hätten sie denn da tun sollen? Ich werfe ein, dass man als Eltern ja nach dem ersten, spätestens aber nach dem zweiten Mal durchaus Überlegungen dazu anstellen sollte, wie man es zukünftig verhindern könnte, dass die vier-, sechs- und siebenjährigen Kinder nachts unbemerkt das Haus verlassen.

Daraufhin berichtet die Mutter stolz, dass sie die Kinder natürlich gleich nach dem ersten Mal in ihrem Zimmer eingesperrt hätten. Der Vater bemerkt trocken, dass die kleinen »Mistbälger« dann aber durchs Fenster entkommen seien. Danach, so beide Eltern, sei ihnen »echt nichts mehr eingefallen«. Schließlich hätten sie sich ja wohl kaum die ganze Nacht unterm Fenster auf die Straße stellen können. »Also, *das* kann ja nun wirklich niemand von uns verlangen! Wir müssen ja auch mal schlafen, verstehen Sie? Wir haben ja auch noch ein eigenes Leben! Es kann sich ja auch nicht *immer alles nur* um die Kinder drehen!« In dem zweistündigen Gespräch erkundigen sich die Eltern kein einziges Mal nach ihren Kindern.

17:30 Uhr

Verabredung mit meinem Schreibtisch, auf dem sich die noch unfertigen Gutachten in den oben genannten Fällen sowie einige Akten mit neuen Aufträgen stapeln. Die Fragestellungen der Familiengerichte in den Aufträgen sind oft ähnlich, teilweise wörtlich identisch. Doch hinter diesen immer gleichen Begrifflichkeiten stehen jeweils völlig unterschiedliche Fälle. Bei jedem einzelnen bin ich fest entschlossen, das Leben der entsprechenden Kinder so viel zu verbessern wie irgend möglich.

Die Schakkeline ist voll hochbegabt, ey!

Es roch nach Schweiß, Zigarettenqualm, Frittierfett und nassem Hund. Mal wieder.
Dieser Geruch fällt mir bei so vielen Leuten, zu denen ich als Gutachterin komme, auf. Manchmal mit mehr Zigarettenqualm, manchmal variiert durch Windel- und Erbrochenemaroma, falls kleine Kinder und/oder schwerste Alkoholiker im Haushalt leben. Aber irgendwie ist er doch immer ähnlich. Warum frittieren diese Leute alle ihr Essen? Ist das billiger? Geht das schneller? Oder handelt es sich um eine Familientradition? Jemand sollte diesen Zusammenhang einmal erforschen.

Es ging diesmal um eine Mutter und ihre siebenjährige Tochter, Schakkeline. Ja, genau. Schakkeline. Wird genauso geschrieben. Und gesprochen. Ja, auch geschrieben. Mit sch, zwei k und allem Drum und Dran: Schakkeline.
Wie in einer schlechten RTL II-Frauentausch-Parodie.
Ihr sechs Jahre älterer Bruder, Dewid, lebte bei seinen Großeltern väterlicherseits im Harz. Dewid … Wenn man es laut liest, weiß man, welcher Name sich eigentlich dahinter verbirgt. Und auch dieser wurde genau so geschrieben, wie ihn seine Eltern aussprachen: Dewid. Tatsache.
Wahrscheinlich hieß der zuständige Standesbeamte Üffes und hatte im Laufe der Jahre einen perfiden Sinn für Humor entwickelt, weil er sich ständig die urbane Legende vom Üffes anhören musste, der eigentlich Yves heißt, von seinen Eltern aber

»Üffes« genannt wird, weil die eben nicht wissen, dass Yves französisch ist und entsprechend ausgesprochen wird. Ich stelle mir vor, wie Üffes, mittlerweile Anfang vierzig, da hinter seinem dunkelbraunen Schreibtisch sitzt, der immer ein bisschen wackelt. Egal wie viele Bierdeckel Üffes Schneider – er hat sicher einen ganz langweiligen Nachnamen – darunterlegt, immer wackelt der Tisch ein wenig, ohne dass herauszufinden ist, wo genau die Ursache dafür liegt. Vielleicht hat sich der Tisch im Laufe der Jahre schlicht und ergreifend der Persönlichkeit seines Besitzers angepasst. Und weil sein Leben aus schlechtem Kaffee, einer unbefriedigenden Schwärmerei für die Dame, die in der Kantine an der Kasse sitzt, und dem ewigen Gewackel seines Schreibtischs besteht, begann Üffes Schneider eines Tages damit, bei der Anmeldung Neugeborener jeden, aber auch wirklich *jeden* Namen anzunehmen und keinerlei Korrekturen bezüglich deren Schreibweise vorzuschlagen. Im Gegenteil, er ging sicherlich irgendwann dazu über, den Leuten einzureden, dass man gewisse Namen tatsächlich so schreibe, wie man sie spreche. Das ist zwar niederträchtig vom Herrn Schneider und auch gemein, den wehrlosen Kindern gegenüber, aber ein bisschen tat er mir auch leid …

Aber nun zu Schakkeline beziehungsweise ihrer Mutter, Frau Höffers: Sie hatte nie mit Schakkelines Vater (dem Mann nach Dewids Vater) zusammengelebt, aber ihre Tochter hatte Kontakt zu ihm und auch zu dessen Eltern. Immerhin. Die Großeltern und der Vater schienen den Berichten des Jugendamtes und der Schule zufolge nicht ganz unfähig zu sein, so dass ich die Hoffnung hegte, Schakkeline dort unterbringen zu können. Denn, wie sich spätestens im Laufe der Interaktionsbeobachtung herausstellte, tat die Mutter dem kleinen Mädchen keineswegs gut – im Gegenteil.

Frau Höffers hatte dreifarbige Haare und ein Zungenpiercing, das den Blick ganz wunderbar auf ihren Mund lenkte, so dass man die verfaulten Zähne und den ständig vorhandenen Speichelfaden im Mundwinkel immer vor Augen hatte. Warum eigentlich? Ich habe mich wirklich bemüht wegzusehen, aber es war kaum möglich. Wenn ich es mir recht überlege, ist dieses Zungenpiercing in Verbindung mit verfaulten Zähnen ebenso typisch wie der Geruch der Wohnungen. Jedes Mal nehme ich mir vor zu googeln, ich meine natürlich: zu recherchieren, ob vielleicht Piercings zu verfaulten Zähnen führen können. Wenn aber zuerst die braunen Stumpen da waren, ist es dann nicht einigermaßen dämlich, dann auch noch durch eine Glitzerkugel darauf hinzuweisen?

Im Einzelgespräch berichtete mir Frau Höffers, dass Schakkeline nach den Sommerferien noch einmal die erste Klasse wiederholen solle. Die Lehrerin habe gesagt, sie könne noch nicht genug, um mit ihren Klassenkameraden in die zweite Klasse zu gehen, und müsse noch einmal von vorne anfangen. Sie habe das ihrer Tochter so weitergegeben, woraufhin diese »voll rumgeheult« habe. Es war offensichtlich, dass Frau Höffers keinerlei Verständnis für ihre Tochter hatte. Auf meine Frage, wie sie denn auf ihr Weinen reagiert habe, schaute mich Schakkelines Mutter leer an: »Wie jetz?«
»Na ja, haben Sie etwas zu ihr gesagt? Sie getröstet?«
Man konnte Frau Höffers zugutehalten, dass sie angestrengt in ihren Erinnerungen kramte und versuchte, etwas hervorzuholen, was als passende Antwort angesehen werden konnte. Schließlich wurde sie fündig und grinste mich samt braunen Zahnstumpen, Piercing und Speichelfaden im Mundwinkel an, als hätte ihr jemand eröffnet, dass sie gerade die

goldene Fritteuse gewonnen hatte, und sagte stolz: »Na, ich hab ihr gesagt, sie soll da mal nicht so blöd rumheulen.«
Da ich wohl nicht mit der Begeisterung reagierte, die sie erwartete hatte, fügte sie hinzu: »Und dann hab ich ihr gesagt, dass sie ja später wieder eine Klasse überspringen kann. Hab ich ja auch gemacht. Zweimal. Also, ist das ja jetzt nicht so schlimm, wenn sie mal ’ne Klasse wiederholen muss, ey.«
Ich befürchte, dass mir kurzfristig die Gesichtszüge entgleisten. Ich fragte noch einmal nach …
»Ja, klar hab ich eine Klasse übersprungen, ey! Sogar zweimal!« Auf meine erneute Nachfrage stellte sich heraus, dass sie »einen ganz normalen Schulabschluss halt, normal halt« hat (nämlich keinen – sie war auf einer Sonderschule gewesen und ohne Abschluss abgegangen). Sie war aber dennoch der festen Überzeugung, dass sie zweimal eine Klasse übersprungen habe, »weil, da hätte ich wieder in die sechste gesollt und bin dann auf der anderen Schule in die siebte. Und das dann danach noch mal. Statt noch mal die siebte in die achte. Also eine übersprungen. Zweimal.« Sie rechnete mir wilde Sachen vor, bis sie zu dem Ergebnis kam, dass sie wahrscheinlich sogar dreimal eine Klasse übersprungen habe. Beeindruckend – auf eine Art …
Meine Tochter wäre sicher interessiert, den Rechenweg zu erfahren, um früher die Schule verlassen zu können.

Frau Höffers erklärte mir, dass auch ihre Schwester und ihr Bruder hochbegabt seien. Das liege bei ihnen in der Familie. So sei es auch bei ihrer Tochter. »Die Schakkeline ist voll hochbegabt, ey! Da kann man nix machen. Wir sind alle so. Die ganze Familie ist hochbegabt. Das ist so ein Genetik, das bei uns anders ist. Verstehen Sie? Das ist dann nur in unserer Familie. Okay, wenn die Schakkeline mal heiraten tut, kann

der Mann das dann auch bekommen. Aber sonst bleibt das nur bei uns.«
Es war klar, dass Frau Höffers' kognitives Niveau eher suboptimal war. So drücke ich das in Gesprächen mit Jugendamt und Gericht immer aus, um nicht sagen zu müssen, dass die Eltern leider strohdoof sind.

Ich war jedenfalls froh, als das Gespräch mit der Mutter beendet war und Schakkeline von der Schule nach Hause kam. Bei Interaktionsbeobachtungen muss ich den Leuten ja nicht ständig gegenübersitzen und sie anschauen.
Nach zehn Minuten wünschte ich mir jedoch die Gesprächssituation zurück. Denn Schakkeline tat mir so leid – und das nicht nur wegen ihres Namens.
Ihre Mutter gab ihr ständig widersprüchliche Anweisungen, was dazu führte, dass das Mädchen das einzig Richtige tat, nämlich gar nichts mehr. Nach den Aufforderungen, sowohl die Schultasche abzulegen als auch »jetzt gefälligst mal hierzubleiben«, die Schuhe sofort auszuziehen, sich »ja wohl mal als Allererstes die Hände zu waschen« und ihr »sofort wenigstens eiiiiin-maaaal« zu helfen, den Tisch zu decken, wäre ich auch verwirrt gewesen und hätte mich nicht mehr gerührt – zumal all das in einem extrem unfreundlichen Tonfall vorgetragen wurde und es wohl wahrscheinlich besser war, gar nichts zu tun anstatt das Falsche.
Schakkeline stand also da, schaute auf den Boden und bewegte sich nicht. Ihre Mutter packte sie an den Schultern, drehte sie um und schubste sie mit einem »Boooooah, ab, Hände waschen, wir ham Besuuuuuch!« in Richtung Bad. Endlich wusste das Mädchen, was zu tun war.
Die gesamte folgende Interaktion ging genau in diesem Stil weiter. Eine Anweisung nach der anderen, teilweise wider-

sprüchlich, teilweise unverständlich: »Jetzt, boah, mach mal, hopp, da, mach doch das, da! Mann, ey!«
Das war wirklich ihr O-Ton! Ich habe mitgeschrieben.
Ich fand es schwer auszuhalten und habe mich mal wieder gefragt, warum ich eigentlich nichts Anständiges gelernt habe. Oder zumindest einen Job mache, bei dem ich einfach von vornherein und ausschließlich *helfen* kann und nicht ewig lange beobachten muss, um hinterher nur das Allerschlimmste abwenden zu können. Verdammt!
Die arme Kleine tat mir so leid. Ich glaube, sie hätte wirklich gern getan, was ihre Mutter von ihr wollte, aber es war einfach unmöglich herauszufinden, was zum Henker das sein sollte.

Ich habe die Interaktionsbeobachtung nach einer Stunde beendet – und denke im Nachhinein, dass das eigentlich noch viel zu lange war. Also, für mein Wohlbefinden war es definitiv zu lang. Für die Begutachtung natürlich nicht, denn es hätte ja sein können, dass sich doch noch was Positives entwickelt. Ein Spiel oder etwas in der Art … Ich hatte Frau Höffers mehrfach darauf hingewiesen, dass sie ruhig auch etwas mit Schakkeline spielen könne, aber ich befürchte, so etwas hatte sie noch nie gemacht.
Im Einzelgespräch, das ich mit Schakkeline in ihrem vollgestellten Kinderzimmer führte, war das Mädchen angenehm offen und gesprächig. Sie war keineswegs dumm, und ich konnte mir nicht vorstellen, dass sie tatsächlich den Stoff der ersten Klasse nicht aufnehmen konnte.
Es musste einen anderen Grund für ihr schulisches Versagen geben. Dieses Kind hatte durchaus Potential, und niemand hatte es bemerkt! In solchen Momenten frage ich mich, was die Lehrer eigentlich tun. Na ja, die sind auch nur Menschen

und haben dreißig Kinder in der Klasse. Und Schakkeline war kein auffälliges Kind. Dennoch … Die Lehrerin hätte sich nur einmal eingehend mit Schakkeline beschäftigen müssen, um zu bemerken, dass ihr Schulversagen ganz sicher andere Gründe hatte als mangelnde Begabung oder eine zu langsame Auffassungsgabe.
Schakkeline war still und zurückhaltend, verschwand also wahrscheinlich komplett vom Radar der Lehrerin, wenn im gleichen Klassenverband fünf bis sieben hyperaktive Kevins den Hannahs ihre Lillifee-Jacken in die Jungentoilette stopften. Gelegentlich kam es vor, dass Lehrer nach Gesprächen mit Eltern wie Frau Höffers annahmen, dass deren Schakkelines auch eher suboptimal ausgestattet waren. Oder sie schlossen einfach von dem dämlich geschriebenen Namen auf das Potential des Kindes.
Schakkeline aber war wissbegierig und konnte sich im Eins-zu-eins-Kontakt auch viel länger konzentrieren, als mir beschrieben wurde.

Nun war ich gespannt auf den Vater, den ich als Nächstes treffen würde. Ich betete, dass er die Defizite der Mutter würde ausgleichen können.
Leider war es gar nicht von Belang, ob Herr Liedke dies können würde oder nicht. Er saß breitbeinig auf seinem leopardenimitationsdeckenbehangenen Sofa, rauchte eine Selbstgedrehte nach der anderen und hatte schlicht keinerlei Interesse an seiner Tochter. »Ja, die Schakkeline besucht mich immer mal wieder hier, aber ich hab da keine Zeit für. Die ist dann bei meinen Eltern und meiner Schwester oder so.« Er machte eine Handbewegung, als wolle er eine lästige Fliege verscheuchen. »Ich hab ja einen Job, und dann will man ja auch mal ein bisschen Freizeit haben! Man kann ja nicht immer nur arbei-

ten und dann das Kind da um sich haben. Das geht nicht. Das ist ja mal klar!«
Ja, stimmt … Wie konnte irgendwer nur auf die irrsinnige Idee kommen, dass ein Mann mit einem Job sich auch noch um seine Tochter kümmern könnte?
»Und dann hab ich ja auch eine Freundin. Da geht ja auch schon mal Zeit drauf. Und wo soll ich denn dann mit der Schakkeline hin, wenn die da ist? Also, das ist von mir aus schon irgendwie okay so, wie es jetzt ist, aber öfter kann die Schakkeline echt nicht zu mir kommen. Für so was fehlt mir echt die Zeit, wissen Sie.«

Das Gespräch mit Herrn Liedke war schnell beendet. Der Vollständigkeit halber erkundigte ich mich, ob er für den Fall, dass Frau Höffers sich nicht mehr um Schakkeline kümmern könne, sich vielleicht vorstellen könnte … Da unterbrach er mich schon. »Wenn die Frau Höffers ihren Arsch nicht hochkriegt, dann kann ich da auch nichts dafür. Die soll mal schön ihren Job machen. Immerhin kassiert die da Kindergeld und so was für. Dann soll die auch mal was machen, die faule Kuh, die. Also, das seh ich echt nicht ein, dass ich der dann auch noch helfen soll. Außerdem hab ich keine Zeit für die Schakkeline. Hab ich doch gesagt. Also, nee, echt nicht!«

Ich hatte mich gerade von ihm verabschiedet und das Haus verlassen, als eine junge Frau direkt auf mich zukam und mir ihre Hand hinstreckte. »Hallo, ich bin Manuela Liedke, Herrn Liedkes Schwester. Hätten Sie kurz Zeit?« Sie machte eine einladende Armbewegung in die Richtung, aus der sie gekommen war. »Ich würde gerne mit Ihnen sprechen. Ich … Also, ich wohne gleich um die Ecke.«
Ich war mit Herrn Liedke schneller fertig geworden, als ich

geplant hatte. Also hatte ich noch Zeit bis zum nächsten Termin. Und da ich nicht unhöflich sein wollte und zudem neugierig war, stimmte ich zu.
Manuela Liedke war etwa Anfang dreißig, wohnte in einer einfachen, aber netten Wohnung und knetete nervös ihre Hände. »Kommen Sie doch rein. Hier … Also, ich habe … wenn Sie wollen …« Sie machte eine fahrige Geste in Richtung Kaffeetisch. Sie hatte zwei Tassen samt Untertassen aus mit Rosen bedrucktem Porzellan hingestellt, eine passende Kanne (mit Kaffee, nahm ich an) sowie eine kleine Milchkanne samt Zuckerdose. Dazu einen Teller mit ordentlich drapierten Keksen und ebenso gefalteten Servietten.
»Ich hab gewartet, bis ich Sie … Also, ich hab vor dem Haus gewartet, damit ich mitkriege, wenn Sie sich verabschieden, weil … Also, ich wollte mit Ihnen reden und wusste nicht … Also, das ist mir alles ein wenig peinlich jetzt …«
Ich fand Manuela Liedke gar nicht peinlich, sondern erfrischend ehrlich und authentisch. Und zudem schien sie im Gegensatz zu ihrem Bruder ein irgendwie geartetes Interesse an Schakkeline zu haben. Sonst hätte sie diesen Aufwand nicht betrieben.
»Ich hab die Lina gerne hier, wissen Sie?«
»Verzeihung, wen?«
Lag eine Verwechslung vor? Trank ich in einer ganz falschen Wohnung nicht für mich bestimmten Kaffee?
Frau Liedke hatte offenbar ähnliche Gedanken, denn sie riss die Augen auf. »Na, die Lina! Wegen ihr waren Sie doch bei meinem Bruder, oder nicht? Sie …«
Aber dann lächelte sie erleichtert.
»Schakkeline.«
»Ah …«
»Schakkeline ist Lina. Wir sagen schon immer Lina zu ihr.

Schakkeline … Also, das ist ja wohl ein schlechter Scherz, oder? Mal ehrlich! Ich kann nicht fassen, dass sie jetzt in der Schule auch noch so genannt werden muss. Das ist doch … Also, ich glaube, dass das nicht gut ist. Da denkt die Lehrerin natürlich gleich, dass sie ein bisschen dumm ist. Oder?«
Jetzt lächelte auch ich erleichtert. Ich saß in der richtigen Wohnung mit einer Frau am Tisch, die offensichtlich die Möglichkeit hatte, die Situation zu retten. Und das tat sie dann auch.
Schakkeline, also Lina, zog zu ihrer Tante, Manuela Liedke. Frau Höffers wollte dem zwar zunächst nicht zustimmen, konnte sich aber erstaunlich schnell damit anfreunden, als Frau Liedke ihr versicherte, dass sie das Kindergeld behalten und Lina weiterhin bei ihr gemeldet sein könne. Sie arbeitete als Sekretärin bei einem Steuerberater und erklärte mir, dass sie auch ohne Kindergeld für Lina würde sorgen können.
Lina wiederholte die erste Klasse auf einer neuen Schule im Wohnumfeld von Frau Liedke und kam dort sehr gut zurecht – sie übersprang zwar keine Klasse, bewältigte den Schulstoff aber mehr oder weniger mühelos, fand schnell neue Freunde und fühlte sich bei ihrer Tante offenbar sehr wohl.
Ihren Vater sah sie hin und wieder, und auch ihre Mutter besuchte sie ab und an. Allerdings nicht wirklich oft, was aber weder Vater noch Mutter störte. Und Lina ebenso wenig.

Das is normal!

Mein erster Gutachtenauftrag war eine recht harmlose Umgangsstreitigkeit mit gebildeten und später auch kompromissbereiten Eltern, ordentlichen Wohnungen und Kindern, um die ich mir im Nachhinein nicht wirklich Sorgen machen musste. Für mich war das Ganze dennoch anstrengend gewesen, weil ich zwar über eine gute Ausbildung, nicht aber über Routine, Erfahrung und Gelassenheit verfügte. Alles in allem war aber alles gut verlaufen. Die Mutter der Kinder hatte sich zwar eine andere Empfehlung gewünscht, aber sie war nicht gegen das Gutachten angegangen. Der Vater, die Rechtsanwälte, das Jugendamt und der Richter waren zufrieden, und ich irgendwie erleichtert gewesen.
Mein zweiter Fall war dagegen … anders.

Die Familie wohnte in einer Obdachlosenunterkunft. Bei meinem ersten Hausbesuch stand ich vor einem riesigen Gebäudekomplex ohne Klingelschilder oder sonstige Orientierungsmöglichkeit. Ich fragte mich also durch und hatte schon bald das Gefühl, allein von den Ausdünstungen, die mir da größtenteils entgegenschlugen, leicht benebelt zu sein. Ich fühlte mich wie in einer lieblos produzierten Fernsehserie, die schlicht ein Klischee nach dem anderen bedient.
Das Obdachlosenheim war verwahrlost, dreckig und chaotisch. Und die Bewohner, die ich traf, entsprachen genau der Vorstellung, die sich ein spießiger Versicherungsvertreter und seine Stammtischkumpane von Obdachlosen machen: ungepflegt, verwirrt und mit einer unangenehmen Alkoholfahne.

Endlich an der Wohnung der Familie Koch angekommen, wurde mir die Tür von einer Frau geöffnet, die mich mit den Worten »Aha, Sie sind die Frau vom Gericht. Das is alles normal hier. Sie können wieder gehen« begrüßte und sich anschickte, mir die Tür wieder vor der Nase zuzumachen.
Bei dem Geruch, der mir da aus der Wohnung entgegenschlug, wäre ich in der Tat gern umgedreht und irgendwohin gegangen, wo es nicht nach Schweiß, Urin, Alkohol, Erbrochenem und etwas roch, von dem ich gar nicht wissen wollte, was es war …
Dennoch erklärte ich Frau Koch, dass ich nicht wieder gehen, sondern mit ihr reden, die Wohnung sehen und die Kinder kennenlernen wolle.
Mit einem genervten »Dann kommen Se halt rein!« bedeutete sie mir, ihr ins Chaos zu folgen.

Aus der Gerichtsakte, die ich mit dem Gutachtenauftrag geschickt bekommen hatte, wusste ich, dass Familie Koch mit ihren drei Kindern schon mehrfach aufgefordert worden war, die ihnen zugewiesene Obdachlosenunterkunft in Ordnung zu bringen, da diese schon kurze Zeit nach dem Einzug der Familie in einen Zustand geraten sei, in dem Kinder nicht aufwachsen könnten. Eine Verbesserung war jedoch nicht eingetreten.
Das Jugendamt hatte schließlich einen Antrag auf Sorgerechtsentzug gestellt und wollte die Kinder schon vor Beginn des Gutachtens in Obhut nehmen. Die zuständige Richterin ermahnte die Eltern, die versprachen, sofort alles in Ordnung zu bringen. Deshalb wurde entschieden, dass die Kinder zunächst bei den Eltern bleiben sollten. Offenbar hatte die Richterin keine Vorstellung davon, wie die Unterkunft der Familie Koch aussah.

Wie konnte die Richterin entscheiden, dass die Kinder in einer solchen Umgebung bleiben sollten?
Es war dunkel, weil die Fenster mit Möbeln oder Kisten vollgestellt waren, überall standen Tüten herum, aus denen Kleidung, Kabel und Müll quollen. Der Boden war übersät von ausgetretenen Zigaretten, leeren Bierdosen, Flaschen und Essensresten. Doch das Schlimmste war der Geruch. Ich bemühte mich, nur durch den Mund zu atmen, hatte dann aber das absurde Gefühl, all das, wonach es hier roch, auf der Zunge zu haben. Ich wünschte mir zum ersten Mal in meinem Leben einen dieser Auto-Duftbäume herbei. Am besten direkt unter meine Nase!

Es schepperte.
Etwas, das ich für einen großen Schrank in der Funktion eines Raumteilers gehalten hatte, fiel um und stellte sich als Sperrholzplatte heraus. Dahinter kam im Halbdunkel der Wohnung ein dürrer Mann in Unterhose zum Vorschein.
»Klaus! Du sollst dir was anziehen, hab ich gesacht!«
Frau Koch schüttelte den Kopf und wandte sich dann wieder mir zu. »Das is normal! Da müssen Se sich nichts denken. Der zieht sich jetz an. Alles is gut. Das is normal!«
Hinter ihr bemühte sich der Mann, die Sperrholzplatte wieder aufzustellen. Offenbar bestand die Technik darin, die Platte so an zwei Stühle zu lehnen, dass sie stehen blieb. Der Unterhosenmann beherrschte diese Technik aber nicht. Schon zum dritten Mal kippte die Platte mit einem lauten Rums wieder um.
»KLAUS! HÖR AUF JETZ! MACH NICH SO 'N KRACH!«
Klaus stand reglos da und schien zu überlegen, was nun zu tun war.
Frau Koch ließ sich an einem Campingtisch nieder. Sie zün-

dete sich eine Zigarette an und sah mich herausfordernd an. »Also? Was soll das hier? Das is alles normal hier. Kein Problem. Nix. Was will das Jugendamt von uns? Die sollen sich mal schön um ihren eigenen Mist kümmern!«

Klaus hatte sich inzwischen angezogen und kam zu uns an den Tisch. Er gab mir die Hand, und ich erschrak. Die Hand fühlte sich an wie die Klaue eines riesigen Vogels.
»Tach! Ich bin der Herr Koch.«
Ich sah ihn an und vergaß das Klauengefühl umgehend. Klaus Koch sah aus wie ein Monster. Das Gesicht war voller Brandnarben. Er hatte weder Augenbrauen noch Wimpern. Seine linke Gesichtshälfte war gelähmt, und sein rechtes Ohr war nicht mehr als solches zu erkennen. Der arme Mann konnte nicht anders, als beim Reden zu spucken und zu sabbern. Und obwohl er ganz offensichtlich nichts dafürkonnte, wurde mir übel.
Natürlich dachte ich nicht, dass Herr Koch als Mensch weniger wert war, weil mir sein Anblick und seine Art zu sprechen auf den Magen schlugen. Im Gegenteil: Er tat mir furchtbar leid, und am liebsten hätte ich ihn sofort in eine Klinik gefahren, um das Ganze in Ordnung zu bringen. Jetzt aber sollte ich doch die Frage des Gerichts beantworten, ob das Kindeswohl hier gefährdet sei oder nicht.

Ich hatte an mich den Anspruch, völlig wertfrei auf die Menschen zuzugehen, die ich zu begutachten hatte. Ich wollte mir unvoreingenommen ihre Sicht der Dinge anhören und dann ein Bild von ihnen machen. So weit die Theorie. Aber wie geht das, wenn ein Großteil der Konzentration dafür benötigt wird, ruhig zu atmen, den Würgereiz zu unterdrücken und sich an den eigenen Namen zu erinnern?

Heute, nach vielen Jahren als Sachverständige, wäre so eine Situation kein wirkliches Problem mehr für mich gewesen. Mittlerweile habe ich so viel gesehen (und auch gerochen), dass ich das meiste schnell ausblenden oder mir eine Strategie zurechtlegen kann, um die Situation so zu verändern, dass die Begutachtung besser möglich ist.
Aber damals war ich schlicht und ergreifend überfordert.

Herr Koch klopfte mir auf die Schulter und spuckte ein »Setzensesichmal« in meine Richtung.
Ich nahm auf einem wackeligen Campingstuhl Platz, auf dem irgendetwas klebte. Ich wollte gar nicht wissen, was das war.
Herr Koch begann das Gespräch, ohne auf Fragen meinerseits zu warten. Das war auch gut so, denn ich hatte massive Akklimatisierungsprobleme und hätte wohl nur ein »W…?« von mir geben können.
Wenn ich Herrn Koch beim Sprechen nicht ansah und auch keine Speicheltröpfchen in mein Gesicht flogen, konnte ich ihm recht gut zuhören. Er nuschelte leise vor sich hin, aber nach einer Weile hatte ich mich daran gewöhnt.
Herr Koch erzählte von seiner Kindheit in einem Dorf im Osten, von seinen Eltern, die ihn nur als Fremdkörper empfanden, und davon, dass er sich mit Anfang zwanzig das Leben nehmen wollte. »Mit Benzin. Hab mich übergossen und angezündet. Ich fand das damals eine gute Idee. Hat aber nicht geklappt. Sieht man ja.«
Über zwei Jahre hatte Herr Koch in diversen Kliniken verbracht. Danach war er obdachlos geworden und hatte in dieser Szene neue Freunde gefunden. »Da waren manchmal welche dabei, die nicht auf mich herabgeschaut haben. Die sich nicht geekelt haben. Wahrscheinlich, weil sie zu besoffen waren … Aber mir ging es nicht besser. Da hab ich Tabletten

genommen. Ganz viele. Schlaftabletten und Schmerzmittel und all so was. Hat aber auch nicht geklappt. Ist eben nicht so leicht. Ein andermal vielleicht ...«

Herr Koch wirkte auf mich hochgradig depressiv, aber bevor ich mich näher mit ihm beschäftigen konnte, unterbrach ihn seine Frau. »Klaaauuus! Du sollst doch nich immer diese alten Geschichten erzählen. Hab ich dir doch schon tausendmal gesacht! Die Frau soll sehen, dass hier alles ganz normal is, und nicht dein verrücktes Zeug vom Feuer hören! Also, echt, ey!« Sie wedelte dabei so sehr mit ihrer Zigarette vor dem Gesicht ihres Mannes herum, dass dieser ängstlich zurückwich. Dann deutete sie mit dem Zeigefinger auf mich. »Und Sie, was wollen Sie eigentlich? Was soll der Scheiß vom Jugendamt?!«

»Frau Koch, es ist so. Das Jugendamt hat ja ...«

»Juuuuugendamt! Ja, die kommen immer, reißen alle Schränke auf und machen dann Ärger. Das is alles, was die können. Schränke aufreißen und Ärger machen. Können Sie mir mal sagen, was das soll? Können Sie das? Hä? Hier is alles normal! Ich zeig's Ihnen! Da!«

Sie machte eine ausholende Armbewegung, und vor meinem inneren Auge erschienen Schlossmauern und eine weite Landschaft voller Müll. Und Frau Koch, die sagte: »Da! Das alles wird einmal dir gehören!«

Nein!

Konzentration!

Ich sah Frau Koch an. »Frau Koch, bitte zeigen Sie mir doch mal alle Zimmer, ja?«

»Nee!«

O Gott. Auch darauf war ich nicht gefasst gewesen. Ich hatte mir vorgestellt, dass die Familie sich bemühen würde. Dass sie die Wohnung aufgeräumt hätte und diese dann stolz zeigen

würde. Dass die Kinder in sauberen Shirts brav auf einem Sofa sitzen würden und … Ja, wo waren eigentlich die Kinder? Zwei von ihnen waren unter drei Jahren. Zumindest diese beiden mussten irgendwo sein. Das älteste war möglicherweise im Kindergarten.
Ich erhoffte mir von Herrn Koch etwas mehr Kooperation und wandte mich an ihn. »Wo sind denn Ihre Kinder?«
Er schaute mich an, als würde er gleich fragen: »Wie? Was? Kinder?«
Frau Koch schaltete sich ein. »Die Kleinen sind mit Nachbarn unterwegs. Die Große kommt gleich von Kindergarten. Die is gleich da. Das is alles normal. Ganz normal. Die kommt schon irgendwann. Trödelt halt manchmal, die Göre.«
»Wann kommen die beiden Kleinen denn wieder? Wissen Sie, ich wollte die Wohnung sehen und auch die Kinder.«
»Die Kleinen sind weg. Hab ich doch gesacht. Die Wohnung is hier. Sehen Se doch. Die Große is auch gleich da.«
»Ich meinte alle Zimmer der W…«
»Hiiiiier isse doch, die Wohnung! Hiiiiier! Sehen Se alles, was Se sehen müssen. Reicht ja wohl! Echt!« Wieder machte sie eine ausladende Geste.
Als ich ihr mit den Blicken folgte, sah ich, dass da plötzlich ein kleines Mädchen vor uns stand.

Das musste Nadja sein, die Große. Laut Akte war sie vier Jahre alt.
»Hallo.« Sie wurde weder von ihrer Mutter noch ihrem Vater begrüßt.
Ich streckte ihr die Hand hin: »Hallo.«
Nadja schaute mich verwundert an.
Okay, ihr die Hand geben zu wollen war wohl jetzt irgendwie nicht so … Ich hätte am liebsten den Kopf gegen eine Wand

gehauen. Aber selbst die Wände waren so eklig, dass ich das Bild sofort wieder wegwischte. Zu spät. Vor meinem geistigen Auge lief schon die Szene ab, in der mein Kopf ein gigantisches Loch in der Wand hinterließ und ich mit Dreck und Müll in den Haaren sowie einem blauen Auge wieder auftauchte.

…

Reiß dich zusammen! Ich blendete mein albernes Kopfkino, das skurrile Ehepaar Koch und die Müllhaldenwohnung aus, sammelte die letzten Reste Professionalität zusammen und bemühte mich um einen Tunnelblick aufs Kind.

Es funktionierte.

Ich ging in die Hocke, um auf Augenhöhe zu sein, lächelte und sagte: »Hallo, Nadja, schön, dass du da bist. Warst du im Kindergarten?«

Sie nickte.

Ich bemerkte einen Zettel, der aus ihrer Hosentasche lugte.

»Hast du im Kindergarten gemalt?«

Sie dachte kurz nach, folgte dann meinem Blick zu ihrer Tasche und lächelte wieder. Ihre Finger zogen ungeschickt den Zettel aus der Tasche und falteten ihn umständlich auseinander. Nadja schaute auf den Zettel und schien ganz versunken.

»Zeigst du mir, was du gemalt hast?«

Sie hielt mir den Zettel hin.

Eine große gelbe Sonne mit vielen gelben und roten Sonnenstrahlen war zu sehen.

»Oh, das ist aber eine schöne, große Sonne!«

Nadja lächelte. »Hell«, sagte sie.

»Du gehst jetz ins Zimmer! Aber flott, Frollein!«

Erst war ich mir nicht sicher, wen Frau Koch meinte, aber da drehte sich Nadja schon um und ging aus dem Raum.

Das war *die* Gelegenheit, doch noch die gesamte Wohnung zu

sehen. Ich lief hinter ihr her. »Zeigst du mir dein Zimmer, Nadja? Ja?«
Frau Koch machte keine Anstalten, mich aufzuhalten. Wahrscheinlich war sie einfach zu froh darüber, dass ich endlich aus ihrem Blickfeld verschwunden war. Genau wie Nadja.
Nadjas »Zimmer« war ... ein Loch. Ein Loch mit Müll.
Wenn man genau hinsah, konnte man drei Matratzen erkennen. Auf diesen lagen Tüten, Kleiderstapel und etwas, das aussah wie ... altes Obst?
Es gab kein Spielzeug, keinen freien Platz und kein Fenster.
Ich schluckte.
Nadja setzte sich zwischen einen Topf und eine Tüte mit Kabeln und sah zu Boden. Ich konnte es nicht erkennen, befürchtete aber, dass sich in dem Topf irgendwelche Lebensmittelreste befanden, die womöglich demnächst selbst einen Antrag auf Wohnraum stellen würden.
»Nadja ...? Zeig mir mal, wo das Badezimmer ist, ja?«
Sie schaute mich fragend an.
»Na, den Raum, in dem du dir die Zähne putzt. Verstehst du?«
Sie nickte und öffnete eine Tür neben ihrem Zimmer.
Ich folgte ihr ... Und hätte mich beinahe übergeben.
Nicht dass das danach irgendwie aufgefallen wäre in diesem Badezimmer ... Es stank bestialisch. Ich hatte keine Ahnung, nach was genau, denn etwas Derartiges hatte ich noch niemals gerochen.
Ich hielt es nur ein paar Sekunden im Türrahmen dieses Raumes aus. Länger war es mir einfach nicht möglich.
Aber diese kurze Zeit reichte aus, um zu erkennen, dass die Badewanne voll war mit ... Dingen. Es war wirklich alles Mögliche darin zu finden: Kleidung, Töpfe, volle Windeln, überdimensionale Dosen mit Erbsensuppe, eine Fritteuse,

abermals Kabel (was taten diese Menschen eigentlich mit all den Kabeln?) und Küchenabfälle (zumindest glaube ich, dass es welche waren).
Ich ging schnell zurück in Nadjas Kinderzimmer, dessen Anblick nun geradezu erholsam auf mich wirkte.
Nadja folgte mir, ging aber noch einmal hinaus und kam dann mit einer Zahnbürste zurück. Diese Zahnbürste sah aus, als wäre sie ausrangiert und zur Putzbürste für Fugen oder Ähnliches umfunktioniert worden. Sie war dreckig, hatte kaum noch Borsten, und die wenigen standen in alle Himmelsrichtungen ab. Nadja hielt mir stolz die zerrupfte Bürste entgegen. »Unsere Zahnbürste!«
Ich versuchte zu lächeln. Offenbar gelang es mir, denn Nadja lächelte zurück, ging zu einem Berg mit Zeug in der hinteren Ecke des Zimmers, wühlte kurz darin und kam dann strahlend zu mir zurück. Sie hielt mir einen halben Teddy hin. Er war wohl einmal hellbraun gewesen. Jetzt war er übersät mit unterschiedlichen dunklen Flecken und hatte offenbar vor kurzem zu lange in zu viel Alkohol gelegen. Der Geruch war fast schon angenehm, weil er kaum Anteile von Exkrementen und vermoderten Lebensmitteln enthielt.
»Mein Teddy«, sagte sie schüchtern.
Es ist wirklich absolut nichts gegen einen halben Teddy zu sagen, wenn ein Kind ihn liebt und er seinen Zweck erfüllt. Aber dieser Dreck und der Geruch nach Alkohol …
Schlurfende Schritte kamen näher, und in Nadjas Gesicht breitete sich Panik aus. Sie riss die Augen auf und versteckte den Teddy schnell hinter ihrem Rücken.
Frau Koch schaute kurz ins Zimmer und blies eine Rauchwolke hinein. »Du bleibst im Zimmer!«
Und fort war sie.
Nadja blieb noch eine ganze Weile wie versteinert stehen und

steckte den Teddy danach wieder in die Ecke zwischen einen Stapel irgendwas.

Ich beschloss zu gehen und das Jugendamt anzurufen. Mir fehlte zwar die Erfahrung, aber das hier konnte alles nicht richtig sein. Auf keinen Fall.

Ich hockte mich vor Nadja, die mich aufmerksam ansah, und erklärte, dass ich nun wieder gehen müsse. Sie nickte, dann nahm sie meine Hand.

Mit ihr an der Hand ging ich in das »Wohnzimmer«, um mich zu verabschieden.

Herr Koch saß über eine Zeitung gebeugt am Campingtisch. Er sah mich nicht an, als ich mich verabschiedete, und erwiderte nur ein »Ja, ja …«.

Frau Koch schubste Nadja so fest an der Schulter, dass sie fast hingefallen und mich mit zu Boden gerissen hätte, weil sie sich plötzlich mit einer erstaunlichen Kraft an meine Hand klammerte.

»Du gehst jetz in dein Zimmer, Frollein! Aber flott! Los!«

Nadja erwiderte nichts, hielt aber weiter meine Hand umklammert.

Ich fühlte mich unbehaglich.

Herr Koch offenbar auch, denn er stand auf und ging in den abgetrennten Teil des Zimmers. Ich stellte mir vor, wie er sich hinter die Sperrholzplatte kauerte und sich die Ohren zuhielt. Na ja, das Ohr zuhielt.

Frau Koch nahm Nadjas Arm und riss mit einer solchen Wucht daran, dass diese sofort meine Hand losließ. Nadja lief mit einem unterdrückten Schluchzer in Richtung ihres Zimmers.

»Ja, jetz aber ab in dein Zimmer! Und da bleibste gefälligst! Ich kann mich nich ständig um dich kümmern! Echt, ey!«

Ich verabschiedete mich schnell von Frau Koch und hätte erleichtert aufgeatmet, als ich mich im Treppenhaus befand, wenn dort die Luft nicht so schlecht gewesen wäre.

Fast wäre ich über Nadja gefallen, die urplötzlich vor mir stand. Sie musste irgendwie an ihrer Mutter vorbei zur Tür gewuselt sein.

Sie nahm wieder meine Hand.

»Nadja, ich glaube, du musst jetzt wieder rein zu deinen Eltern.«

Ich hatte Sorge, dass Frau Koch Nadja hier draußen entdecken und unverhältnismäßig heftig bestrafen würde.

Und ich wusste nicht so recht, was ich mit Nadja an der Hand tun sollte.

Natürlich war mein Impuls, dieses kleine Mädchen einfach mitzunehmen und ihm zu zeigen, dass alles gut werden würde. Aber es war mir auch klar, dass das jetzt nicht möglich war.

Nadja sah das anders.

Sie stand da, hielt meine Hand und sagte schließlich: »Mitkommen.«

Dieses eine Wort werde ich nie vergessen.

Ich hatte das Gefühl, als hätte ich auf einmal eine zentnerschwere Last auf meinen Schultern zu tragen. Ich glaubte es körperlich zu spüren.

Was sollte ich jetzt tun? Was konnte ich tun? Was durfte ich?

In mir schrie eine Stimme: »Nimm sie mit! Jetzt! Schau sie dir doch an! Du KANNST sie doch unmöglich hierlassen!«

Als hätte Nadja gespürt, dass ich kurz davor war, etwas Unüberlegtes zu tun, stellte sie sich vor mich, nahm auch meine andere Hand und wiederholte: »Mitkommen.«

Oh. Mein. Gott.
Was soll ich …?
Soll ich?
Nein, nein, nein!
Nicht schwach werden jetzt!
Professionell bleiben!
Du bist Sachverständige!
Du musst neutral sein!
Und vor allem darfst du keine Kinder mitnehmen!!!
Ich schluckte.

»Nadja, ich muss jetzt wieder zurück zur Arbeit (eine glatte Lüge) und deine Eltern warten auch schon auf dich (sicher nicht, sie wollen einfach nur ihre Ruhe haben). Bis bald!«
Ich löste meine Hände von den ihren und ging schnell die Treppe hinunter.
Ich drehte mich nicht mehr um.
Ich hatte keine Ahnung, was Nadja tat. Nichts war zu hören.
Ich redete mir ein, dass sie einfach wieder nach drinnen gegangen war und es ihr im Grunde ganz egal war, ob sie nun mit jemand mitkommen konnte oder nicht.
Ich glaube mir das nach wie vor nicht.

Ich lief schnell zu meinem Auto und fuhr als Erstes ein paar Straßen weiter, um einen gewissen Abstand zur Familie Koch und ihrem stinkenden Chaos zu haben. Abstand zu meinen Gefühlen konnte ich allerdings nicht so leicht gewinnen.
Nachdem ich ein paar Mal tief durchgeatmet hatte, rief ich beim Jugendamt an und schilderte meinen Eindruck. Glücklicherweise war ich an Herrn Steiger geraten. Er war ein kompetenter Sozialpädagoge, dem die Entscheidung der Richterin ohnehin ein Dorn im Auge gewesen war.

»Dann wird morgen eine Inobhutnahme stattfinden«, sagte er bestimmend.
»Aber dann müssen die Kinder ja noch eine Nacht ...«
Er unterbrach mich: »Heute kriegen wir das nicht mehr sauber über die Bühne. Aber morgen dann auf jeden Fall. Diese eine Nacht müssen die Kinder noch aushalten. Aber das ist die letzte.«
Herr Steiger sprach so beruhigend auf mich ein, dass ich mich zum einen besser, zum anderen aber auch irgendwie unprofessionell fühlte. Ich hätte wissen müssen, dass das Jugendamt nicht jetzt sofort handeln würde. Dass mir der Mitarbeiter aber versprechen konnte, dass alle drei Kinder am nächsten Tag in eine kindgerechte Umgebung kommen würden, beruhigte mich.
Ich fuhr nach Hause und stand sehr lange unter der Dusche. So lange, bis ich das Gefühl hatte, den ganzen Gestank und Dreck und auch die vielen negativen Gefühle weggewaschen zu haben. Zumindest soweit das möglich war.

Tatsächlich wurden die Kinder am Tag darauf in Obhut genommen und in einer Bereitschaftspflegefamilie untergebracht. Herr Steiger teilte mir am selben Tag telefonisch mit, dass für die drei Kinder alles gut verlaufen sei. Frau Koch habe zwar ein wenig herumgeschimpft, sich aber nach ein paar Minuten mit der Situation arrangiert und lediglich erklärt, dass sie das Kindergeld dennoch behalten werde.
Für Herrn Koch habe man nun eine Betreuung gefunden. Der Mitarbeiter des Jugendamtes hatte meinen Verdacht auf eine behandlungsbedürftige Depression geteilt.

Knapp zwei Jahre später hatte ich wieder einen Fall, mit dem auch Herr Steiger befasst war. Er erzählte mir, dass alle drei

Kinder in Dauerpflegefamilien untergekommen seien, in denen sie sich wunderbar entwickelt hätten. Herr Koch habe sich kurze Zeit nach der Inobhutnahme seiner Kinder in eine psychiatrische Klinik einweisen lassen, in deren tagesklinischer Zweigstelle er sich noch heute befinde. Es gehe ihm deutlich besser, und er besuche seine Kinder regelmäßig.
Frau Koch hatte nach mehreren lautstarken Auseinandersetzungen mit diversen Ämtern (»Ich hab die Kinder bekommen, also gehört mir auch das Kindergeld! Das ist Diebstahl! Das Geld gehört mir!«) die Stadt verlassen. Sie hatte zunächst in Dresden, danach in Stuttgart und schließlich in Kaiserslautern gewohnt. Kontakt zu ihren Kindern hatte sie nie gehabt und diesen auch nicht gewünscht.

Fühl dich doch selber!

»Leonce …? Lena …?«

Herr Wischnewsky sah sich leicht verunsichert im Kinderzimmer um.

»Eben waren sie noch da … Leonce …? Lena …?«

Ich wartete im Türrahmen und überlegte, ob Herr Wischnewsky tatsächlich nicht wusste, wo sich seine sechsjährigen Zwillinge befanden, oder ob er Zeit schinden wollte, um den Beginn der Interaktionsbeobachtung so lange wie möglich hinauszuzögern.

Diese Termine sind für Eltern tatsächlich im Grunde immer unangenehm. Ob sie nun erziehungskompetent sind und ein gutes Verhältnis zu ihren Kindern haben oder nicht, es ist einfach nicht schön, wenn man so normal wie möglich mit seinen Kindern umgehen soll, dabei aber eine Frau in einer Ecke steht oder sitzt, alles beobachtet und ständig etwas aufschreibt.

Nein, da wäre ich auch nicht entspannt. Ich erkläre allen Eltern im Vorfeld, dass es nichts Schlimmes bedeutet, wenn ich schreibe, sondern dass ich völlig wertfrei einfach notiere, was passiert, weil ich mir nun einmal nicht alles merken kann.

Ich bereite die Eltern auch darauf vor, dass es zu Konfliktsituationen mit den Kindern kommen kann, während ich da bin, und erkläre, dass das nicht per se negativ bewertet wird. Ich vereinbare mit allen Eltern so zeitnah wie möglich nach der Interaktionsbeobachtung einen weiteren Termin, um darüber zu sprechen. Wenn mir Eltern in diesem Gespräch erläutern, dass dieses oder jenes in der Interaktion mit ihren Kindern nicht so war wie sonst, sich selbstkritisch hinterfragen und erklären, dass sie ein paar Dinge vielleicht besser anders gemacht hätten, kann das durchaus eine nicht so gut gelaufene Interaktion ein wenig geraderücken. Natürlich muss niemand perfekt sein.

Dennoch ... Es ist und bleibt eine blöde Situation.

Auch, und besonders, für Herrn Wischnewsky, der im Erstgespräch so souverän sein hervorragendes Verhältnis zu Leonce und Lena und seine ebensolchen Erziehungskompetenzen beschrieben hatte.

Leonce und Lena ...

Ich habe weder etwas gegen den Namen »Lena« noch gegen »Leonce«. Es sind beides schöne und wohlklingende Namen – wenn es auch in meinen Ohren klang, als würden »Leonce« und »Wischnewsky« in unterschiedliche Universen gehören. Warum man aber gerade Zwillinge, die man wahrscheinlich häufig in einem Satz nennt, ausgerechnet Leonce und Lena nennen muss, gehört für mich in die Kategorie »Kann man machen, muss man aber nicht«. Auch wenn man kein leidenschaftlicher Theaterbesucher ist, hat man wahrscheinlich schon einmal von Georg Büchners Stück *Leonce und Lena* gehört. Es ist ja auch eine beliebte Schullektüre. Na ja, die beiden sind nicht so bekannt wie *Romeo und Julia*, aber irgendwie hatte es für mich einen ähnlichen Klang.

Ich erinnere mich auch nach vielen Jahren noch an diese beiden Namen. Wahrscheinlich unter anderem deshalb, weil Herr Wischnewsky nun schon zum sicherlich zwanzigsten Mal im immer gleich freundlich-erwartungsvollen Tonfall »Leonce ...? Lena ...?« in das vermeintlich leere Kinderzimmer fragte.

Nicht ein einziges Mal sagte er »Lena ...? Leonce ...?«.

Wird Herr Wischnewsky nun die nächsten drei Stunden »Leonce …? Lena …?« fragen? Und falls ja, werde ich es schaffen, mir das so lange anzuhören, ohne verrückt zu werden?
Tatsächlich sind die Interaktionsbeobachtungen in ihrer Funktion als reine Beobachtung für mich oft anstrengender als die Explorationsgespräche oder Gerichtstermine.
Da es mir darum geht, einen möglichst unverfälschten Eindruck vom Umgang zwischen Eltern und Kindern zu bekommen, beschränke ich mich bei diesen Terminen tatsächlich auf das reine Beobachten. Neben dem Problem, dass ich bei besonders unsensiblen und unter Umständen überforderten Eltern dem Drang widerstehen muss, einzugreifen, ist es tatsächlich manchmal schlicht und ergreifend langweilig oder auch nervtötend, Eltern einige Stunden in der Interaktion mit ihren Kindern zu beobachten.
Im Falle von Herrn Wischnewsky auch mal beides.

»Leonce …? Lena …?«
Ich überlegte, wie lange ich noch warten sollte, bevor ich diese Interaktionsbeobachtung ohne Interaktion beenden musste.
»Leonce …? Le…«
Ein ohrenbetäubender Schrei ertönte, und etwas großes Graues flog durch die Luft. Gleichzeitig ging Herr Wischnewsky mit einem schon beinahe comicmäßigen RUMS zu Boden. Noch ein Schrei ertönte, und ein Eisbär stürzte sich auf den am Boden liegenden Mann.
Weitere Schreie und Grunzlaute begleiteten das hin und her rollende Knäuel aus Mann, Eisbär und … Esel?
Schließlich gingen die Kampfgeräusche in Gekicher über, und ich konnte erkennen, dass der Eisbär blonde lange Locken und der Esel eine Harry-Potter-Brille samt passender Frisur hatte.

»DAS WAR LUUUUSTIIIIG!«, quietschte der Esel, der vermutlich nicht Harry, sondern Leonce hieß.
Lena kicherte inzwischen atemlos und schaute ein bisschen unsicher zu mir hinüber.
Die beiden trugen trotz des warmen Wetters ein Eisbär- und ein Eselkostüm mit langen Ärmeln und Kapuzen samt entsprechenden Ohren daran. Sie hatten rote Wangen und waren außer Atem.
Ich lächelte Lena an, und schon begann ihr Gekicher von neuem.
Herr Wischnewsky richtete sich auf und hielt sich ein Taschentuch an die Nase.
»OOOOOH, DER PAPA HAT WIEDER NAAASENBLUUUUUUUT...!«
Während Leonce und Lena weiter vor sich hin kicherten, rappelte sich ihr Vater auf und presste das Taschentuch an seine Nase.
»Leonce, Lena, so benimmt man sich aber nicht. Da ist der Papa jetzt aber sehr enttäuscht von euch. So geht das aber wirklich nicht.«
Jeder Kommunikationstrainer hätte bei dieser Szene wahrscheinlich Tränen in den Augen gehabt. Deutlicher war eine Diskrepanz zwischen Stimmlage und Inhalt sicher nur sehr selten zu beobachten. Hätte Herr Wischnewsky in einer mir unbekannten Sprache gesprochen, wäre ich mir absolut sicher gewesen, dass er gesagt hatte: »Leonce, Lena, so etwas Entzückendes habe ich ja noch nie erlebt. Ich bin so stolz auf euch. Das war eine perfekte Begrüßung.«
Entsprechend reagierten seine Kinder. Nämlich gar nicht.
Sie begannen sich zu balgen, kletterten auf das Stockbett, sprangen herunter, schubsten sich auf dem Weg zum erneuten Springen und sausten unermüdlich von einer Ecke des Zim-

mers in die andere. Kein Wunder, denn sie hatten es wirklich eine lange Zeit in ihren Verstecken ausgehalten.

Herr Wischnewsky stand bei mir im Türrahmen, sagte hin und wieder »Leonce … Lena …« und erzählte mir, dass die Kinder eben viel Bewegung brauchen, was ja auch an der Trennung liege und daran, dass sie ihn eben immer sehr vermissen würden, weil ihre Mutter ja … Ich unterbrach ihn und erklärte, dass wir all das in ein paar Tagen besprechen könnten, ich heute aber wirklich NUR als Beobachterin da sei und er bitte versuchen solle, die nächsten Stunden mit seinen Kindern zu gestalten, als wäre ich gar nicht da.
»Natürlich! Das ist ja auch nicht gut für Kinder, wenn sie sich solche Gespräche anhören müssen«, sagte er, als hätte *ich* dieses Gespräch begonnen.
In den folgenden Minuten stand er einfach nur da, leierte sein freundlich-unverbindliches »Leonce … Lena …« herunter und wurde von seinen Kindern ignoriert.
»Herr Wischnewsky, wenn Sie vielleicht auch etwas gemeinsam mit Ihren Kindern machen könnten, wäre das toll.«
»Ja, wissen Sie, wir spielen ja den GANZEN Tag miteinander. Die Kinder sind so froh, wenn sie endlich bei mir sein können. Das ist ja auch kein Wunder, denn die Mutter …«
»Lassen Sie uns darüber bitte beim nächsten Termin sprechen.«
»Ja, selbstverständlich! Ich würde so etwas nie vor den Kindern …«

Da standen wir wieder und schauten Leonce und Lena beim Durchs-Kinderzimmer-Toben zu. Ich vermute, das hätten wir auch noch für einige Stunden getan, wenn Leonce nicht

plötzlich gegen seinen Vater gerannt wäre und geschrien hätte: »UND JETZT EIN FIIIIIIILM!!«
Schon hing auch Lena an ihrem Vater und stimmte mit ein: »JAAAAA, JETZT KOMMT DER FIIIIIILM!!«.
»Aber ich hab euch doch gesagt ... Also, ich weiß gar nicht, wie ihr da draufkommt, dass wir ... Kommt, wir spielen was. Wie immer.«
Die Antwort war ein zweistimmiges »FIIIIIIIIILM!«
»Nein, nein. Wir schauen jetzt keinen Film. Das wisst ihr doch, dass wir nicht fernsehen.« Und wieder stimmte die Tonlage nicht mit dem Inhalt überein.
Die Reaktion der Kinder war entsprechend: »FIIIIIIIIIII-HIIIIILM!«
»Ja, also nur weil ihr bei eurer Mutter immer vor dem Fernseher sitzt ...« Blick zu mir. »Leonce, Lena ... Wir machen alles wie imm...«
Das »FIIIIHIIIIILM!!« der beiden klang nun nicht mehr auffordernd und bettelnd, sondern wütend und anklagend.
Herr Wischnewsky schaute über seine Kinder hinweg auf das Poster an der gegenüberliegenden Wand und säuselte: »Leonce ... Lena ... kommt, wir spielen jetzt was.«

Ich schrieb nicht mehr mit, sondern machte mir eine Strichliste für »Fiiiihiiilm!«. Und eine für das süßlich-emotionslose »Leonce, Lena, wir schauen keinen Film, wir spielen was«. Und eine für »Blickkontakt Vater-Kinder«.
Nach etwa einer Viertelstunde hatte ich zwölf Striche in der Spalte »Fiiiihiiilm«, fast genauso viele in der »Leonce-Lena«-Spalte und null bei »Blickkontakt Vater-Kinder«.

Es waren abermals die Kinder, die die Situation beendeten, und zwar indem sie an ihrem Vater vorbei ins Wohnzimmer

stürmten. Leonce schnappte sich die Fernbedienung und grinste siegessicher. Lena hüpfte begeistert auf dem Sofa auf und ab. Sie feuerte ihren Bruder an: »Fiihilm! Fiihilm! Fiihilm!«.
Leonce grinste nun nicht mehr, sondern drückte mit zunächst ungläubiger, dann frustrierter Miene auf der Fernbedienung herum. Nichts geschah.
Herr Wischnewsky kam ins Zimmer, schaute auf den Couchtisch und leierte: »Leonce, Lena … Schaut, der Fernseher geht gar nicht an. Da können wir keinen Film schauen.«
Leonce warf mit erstaunlicher Wucht die Fernbedienung in die Schrankwand, wo sie mit einem typischen Plastikscheppern zerschellte.
»Leonce …«
Der flitzte zur zerstörten Fernbedienung, beäugte die Einzelteile prüfend, drehte sich wütend zu seinem Vater um und schrie: »DU HAST SCHON WIEDER DIE BATTERIEN RAUSGEMACHT!« Es folgten mehrere Tritte ans Schienbein des Vaters sowie lautstarkes Heulen von der Couch, das so sehr nach dem Pumuckl klang, dass ich zunächst vermutete, Lena wollte mit dieser Vorstellung vielleicht die Situation entschärfen. Herr Wischnewsky stand nur da, schaute nun aber immerhin ab und zu in Richtung seiner Kinder.
»Leonce … Lena … Wie fühlt ihr euch jetzt? Hm …? Sagt das dem Papa mal. Hm …? Kommt, wir spielen was.«
»MIT DIR SPIEL ICH ÜBERHAUPT NIE WIEDER! DU ALTER BLÖDSACK! ARSCHLEUCHTER, DU!!«
Leonce war außer sich.

Zu den Tritten ans Schienbein kamen nun Schläge auf die Oberschenkel und in die Magengegend.
»Leonce … Wie fühlst du dich jetzt? Sag mal, hm?«

Lena steigerte ihr Pumuckl-Geheule und erreichte eine Lautstärke, die Meister Eders Brille und alle Scheiben seiner Schreinerei zum Splittern gekreischt hätte.
Ich empfand das Ganze kurioserweise fast als angenehme Pause vom ewig gleichen freundlichen Singsang des Vaters, hätte das Ganze nicht über gefühlte 130 Dezibel verfügt.
So war es aber einfach nur laut. Sehr laut.

Es war beeindruckend, welche Ausdauer die beiden Kinder hatten. Leonce, der schon seit einer ganzen Weile mit unverminderter Frequenz und Heftigkeit seinen Vater mit Tritten und Schlägen bearbeitete, und Lena, die ihre neue Heul-Lautstärke scheinbar mühelos halten und gleichzeitig eine Schere zum Zerschneiden ihres Eisbärkostüms suchen konnte.
Die Ruhe oder, besser: Apathie des Vaters fand ich dagegen nicht beeindruckend, sondern lediglich situationsunangemessen.
Herr Wischnewsky stand da und bewegte hin und wieder die Lippen. Ich gehe davon aus, dass er »Leonce … Lena … Wie fühlt ihr euch?« sagte oder wahlweise ein gemeinsames Spiel vorschlug.

Zwanzig Minuten später notierte ich:
Lena: Eisbärkostüm an Armen und Beinen in Fetzen geschnitten, danach ausgezogen und dem Vater an den Kopf geworfen. Sitzt auf dem Sofa und schneidet Löcher in ihre Socken.
Leonce: Spuckt Vater an, beschimpft ihn als Blödsack und Arschleuchter, läuft ins Kinderzimmer.
Vater: Steht da, geht schließlich Leonce hinterher.

Im Kinderzimmer hatte Leonce das Fenster geöffnet und warf nach und nach alle Dinge, die sich für ihn in Reichweite befanden, aus demselben. Unter anderem mehrere Wickie-Figuren, einen großen Teddybären, zwei Dinosaurier, eine Barbiepuppe und eine Tafel Schokolade. Lena drängelte sich an mir vorbei ins Zimmer, kreischte und … machte begeistert mit.
Es dauerte eine Weile, bis Herr Wischnewsky auf die Idee kam, statt des vollkommen ineffektiven »Leonce … Lena …«-Singsangs endlich das Fenster zu schließen.
Herr Wischnewsky seufzte: »Leonce … Lena … Wie fühlt ihr euch? Hm …? Leonce, sag mal. Wie fühlst du dich? Hm …? Lena …?«

Ich notierte höchst unprofessionell: »Vater: Ständiges Wiefühlstdudich-Gefrage! Bestimmt von www.sinnloseErziehungstipps.com!!«

»FÜHL DICH DOCH SELBST!«
Lena warf eine Packung Buntstifte nach dem Vater. Leonce, der ohnehin noch ein großes Spielzeugfeuerwehrauto in der Hand hatte, das er nicht mehr hatte aus dem Fenster werfen können, griff die Idee seiner Schwester auf und traf sogar. Direkt zwischen die Beine seines Vaters. Lena rutschte kichernd an der Wand entlang zu Boden.
Ich machte einen Schritt zurück, bloß raus aus der Wurflinie!
»Herr Wischnewsky, ich schlage vor, dass wir die Interaktionsbeobachtung auf einen anderen Tag verschieben und ich jetzt mit Ihren Kindern spreche. Sind Sie damit einverstanden?«
Das war eine rein rhetorische Frage. Ihm war deutlich anzusehen, dass er jetzt wirklich gerne alleine wäre, vielleicht um

in Ruhe vor sich hin zu starren, oder so. Bestimmt würde er auch ein wenig mit sich selbst reden und sich in monotoner Freundlichkeit fragen, warum er seinen Kindern weder Halt und Struktur bieten konnte und wie er sich dabei so fühle …

Ich schloss die Tür des Kinderzimmers hinter Herrn Wischnewsky und setzte mich im Schneidersitz auf den Boden. Leonce setzte sich in einigem Abstand neben mich. Lena saß auf ihrem Bett und grinste.
»Sagt mal, ist das immer so, wenn ihr bei eurem Vater seid?«
Lena kicherte, und auch Leonce prustete los: »Neeeeeeheee …! Bloß manchmaaaaaaal … Wenn der Papa so blöööööööd ist.«
Dann wurde Leonce ernst. Er wirkte plötzlich erschöpft. »Der Papa war heute noch viel, viel, viel blöder als sonst. Da bin ich ausgerastet.«
»Ich auch!«, warf Lena ein. »Aber das mit dem Sachen aus dem Fenster werfen, das machen wir oft. Das finden wir lustig. Und das hilft auch immer.«
Ich ahnte, wobei das half, fragte aber nach.
Lena antwortete begeistert: »Das war meine Idee! Schlau, gell? Wenn der Papa was nicht will, was wir wollen, dann werfen wir unsere Sachen aus dem Fenster. Und dann macht der Papa das doch so, wie wir das wollen. Und das sind ja auch nicht richtig unsere Sachen. Wir haben unsere Sachen ja bei der Mama. Das hier sind so Papa-Sachen.«
»Ja, der steht auf Wickie und kauft uns immer so blöde Figuren. Ich will die gar nicht.«
»Aber die Barbie ist schon cool. Na ja, da kauft der Papa dann eine neue, wenn die weg ist.«
»Ja, und neue Dinos! Mit so Dinos hab ich mal im Sand eine ganze Dino-Stadt gebaut. Und die Dinos dann so reingestellt.

Und die Mama hat ein Foto gemacht und das dann in Groß aufgehängt. Das sieht voll echt aus alles …«
Und schon waren wir bei einem anderen Thema. Leonce und Lena erzählten von dem Garten bei ihrer Mutter, von gemeinsamen Unternehmungen, dem Kindergarten, ihren Freunden, dem anstehenden Sommerfest in ihrer Straße …
Der Vater schien vergessen.
Als ich sah, dass beide Kinder entspannt und guter Stimmung waren, lenkte ich das Thema wieder auf ihren Vater.
»Wenn das jetzt gerade nicht so war wie sonst, wenn ihr den Papa besucht, wie ist es denn normalerweise?«
Leonce schaut zu Boden und sagt leise: »Ich will ja immer nicht so gern hierher.«
Lena ergänzt: »Ja, der Leonce will nie. Ich will manchmal und manchmal nicht. Aber die Mama sagt, wir sollen gehen. Ist ja auch nicht lange. Und ist ja auch nicht schlimm hier.«
Ich schaute Leonce fragend an. Er nickte: »Schlimm ist es hier nicht. Wir können ja immer Filme schauen. Und zu McDonald's oder auf den Spielplatz mit dem Trampolin. Und wir bekommen bei jedem Besuch ein Geschenk.«
Ich wartete.
Lena erklärte. »Aber wir sind eben lieber bei der Mama. Da ist es einfach schöner. Und der Papa ist auch oft so komisch. Der soll sich dann selber fühlen.« Jetzt sieht sie beinahe wütend aus. Offenbar hatte Herr Wischnewsky seine stereotype »Wie fühlst du dich«-Frage heute nicht zum ersten Mal gestellt.
Aber schon lächelte Lena wieder und sagte: »Wenn du gleich weg bist, dann dürfen wir auch wieder einen Film schauen. Der Papa hat gesagt, dass wir das heute erst dürfen, wenn du nicht mehr da bist.«
»Ja, und das fand ich doof! Auch dass der wieder die Batterien

rausgemacht hat aus der Fernbedienung. Das find ich so gemein. Das macht der immer, wenn wir nicht fernsehen sollen, der Arschleuchter, der!«, schaltete sich Leonce wieder ein. »Ich mag hier eben lieber fernsehen und nicht mit dem Papa spielen. Da redet der dauernd.«
»Leonce … Man schummelt nicht. Das darfst du nicht machen.« Lena machte ihren Vater frappierend echt nach. Und Leonce fiel in den Singsang mit ein. »Lena … Du sollst nicht so wild würfeln. Das macht man nicht.« Beide Kinder kicherten, und ich musste mich zusammenreißen, um nicht mitzulachen.

Das Gespräch, das ich ein paar Tage später mit Herrn Wischnewsky führte, verlief zunächst sehr zäh. Es war deutlich zu spüren, dass Herrn Wischnewsky der Verlauf der Interaktionsbeobachtung äußerst unangenehm war. Er war im Gegensatz zu unserem ersten Gespräch sehr wortkarg und verzichtete auf ausführliche Beschreibungen seiner Erziehungskompetenzen und seines guten Verhältnisses zu Leonce und Lena. Stattdessen warf er der Mutter der Kinder vor, sie habe Leonce und Lena »irgendwie beeinflusst, dass die sich so benehmen«.
Nach ein paar eingehenderen Fragen erwachte Herr Wischnewsky aus seiner Lethargie und erläuterte seinen Verdacht wortreich: »Ich kann mir das nicht anders erklären. Sonst läuft immer alles ganz wunderbar und harmonisch ab und jetzt … Sie wusste wahrscheinlich, dass wir diesen Termin haben. Bestimmt hat sie die beiden am Tag vorher extra spät ins Bett gebracht, damit sie schon gestresst zu mir kommen. Und dann hat sie ihnen sicher auch noch gesagt, sie würden einen Film anschauen dürfen. Dabei weiß sie ganz genau, dass ich Leonce und Lena nie fernsehen lasse. Nie! Das ist ja auch

nicht gut für Kinder. Aber das sieht die Mutter ja anders. Sie hat sich überhaupt sehr verändert seit der Trennung. Früher war sie einfühlsam und auch eine gute Mutter. Aber jetzt … Also, nein. Sie hat nur noch ihre eigenen Bedürfnisse im Kopf und schaut gar nicht mehr nach den Kindern. Auch dass sie nicht will, dass ich sie am Wochenende haben kann …«
»Herr Wischnewsky, bitte entschuldigen Sie, dass ich Sie hier unterbreche. Ich möchte Ihnen gern meinen Eindruck schildern und dann gemeinsam mit Ihnen überlegen, ob wir eine Lösung finden können. Machen wir es so?«
Herr Wischnewsky war zunächst irritiert, dann aber einverstanden.

Das, was ich ihm sagen wollte, war nicht leicht, und ich gab mir große Mühe, trotz aller Klarheit vorsichtig und feinfühlig zu formulieren. Schließlich wollte ich Herrn Wischnewsky nicht verletzen, sondern die Gesamtsituation verbessern. Und das möglichst mit seiner Unterstützung.
Es fiel dem Vater schwer, mir zuzuhören, aber er tat es. Ich schilderte ihm meinen Eindruck: Er fühlte sich im Umgang mit seinen Kindern häufig überfordert, hatte Schuldgefühle, weil er oft erleichtert war, wenn die Mutter sie wieder abholte, wollte aber unbedingt alles richtig machen und alles dafür tun, damit die Kinder es »so richtig schön hatten«. Und das misslang ihm jedes Mal mehr oder weniger. Herr Wischnewsky gab mir schließlich recht und begann zu erklären, wie es dazu gekommen war:
»Als die beiden Babys waren, da konnte ich überhaupt nichts mit ihnen anfangen. Und auch als sie sprechen konnten, wurde es irgendwie nicht wirklich besser. Alle haben gesagt, dass es dann anders wird, aber ich habe irgendwie keinen Draht zu ihnen. Jetzt ist es schon manchmal schön, aber ich verstehe

einfach oft nicht, was Leonce und Lena wollen. Und dann sind sie so laut und wild ... Ich dringe dann einfach nicht durch zu ihnen. Verstehen Sie mich nicht falsch, ich liebe sie. Aber ich ...« Herr Wischnewsky sah mich mit einem verzweifelten Gesichtsausdruck an. »Ich will sie manchmal gar nicht bei mir haben.«

Ich bemerkte, wie schrecklich es für ihn war, diese Wahrheit ausgesprochen zu haben. Aber nun stand sie im Raum – und dadurch war es leichter, offen mit Herrn Wischnewsky zu sprechen.
Auf meine Frage, weshalb er denn dann bei Gericht einen Antrag auf eine Erweiterung des Umgangs gestellt habe, stand Herr Wischnewsky auf und lief unruhig im Zimmer hin und her. Er setzte sich wieder. Stand wieder auf. Lief herum. Setzte sich. Ich wartete.

Das ist etwas, das ich unglücklicherweise bei der Bearbeitung meiner ersten Fälle nicht genug berücksichtigt hatte: dass man eben manchmal einfach warten muss, weil die Menschen Zeit brauchen. Ich schäme mich noch heute für meine damalige Ungeduld. Zu Beginn meiner Sachverständigentätigkeit war ich unsicher und besorgt, ich könnte mich zu mitfühlend und generell zu »therapeutisch« verhalten. Ich sollte ja nicht therapieren, sondern »nur« begutachten. Dass ich damit falschlag, stellte ich sehr schnell fest. Und zwar aufgrund der Tatsache, dass ich mich selbst sehr unwohl fühlte mit dieser Art der Vorgehensweise, aber auch, weil ich merkte, dass sich die Menschen mir nicht wirklich öffneten. Ein »Sichöffnen« ist im Rahmen einer Begutachtung selbstverständlich etwas ganz anderes als im Rahmen einer Therapie. Aber auch in der Begutachtung gibt es hin und wieder Gespräche, in denen es ähnlich wie in therapeutischen Sitzungen zu schwer zu verarbeitenden Erkenntnissen und massiven emotionalen Schwankungen kommt. Wenn es mir gelingt, die Menschen in dieser Situation aufzufangen und sie zu unterstützen, dann tut das in der Regel nicht nur den Beteiligten, sondern auch der Gesamtsituation gut.

Herrn Wischnewsky hatte diese Bedenkzeit auf jeden Fall sehr gutgetan, denn er seufzte und beugte sich zu mir vor: »Also … Vor den Besuchsterminen … da ist mir ab und zu richtig schlecht, weil ich nicht weiß, wie es wird, und eben alles richtig machen will. Ich kann ja auch mit niemandem darüber reden. Wie wirkt das denn? Es ist ja eben nicht so, dass ich die beiden nicht will … ich … Mein Gott, das schreiben Sie doch jetzt nicht so in das Gutachten …?«
Ich versicherte Herrn Wischnewsky, dass wir versuchen würden, eine einvernehmliche Lösung zu finden, und dann ohnehin gar kein ausführliches Gutachten geschrieben werden müsste. Natürlich verstand ich seine Sorge. Wenn man zur Sachverständigen so ehrlich ist, wie er es gerade war, brachte das ja im Zweifelsfall massive Nachteile.

Ich glaube, dass es mit zu den schwierigsten Dingen für Eltern gehört, zuzugeben, wenn sie mit ihren Kindern überfordert sind oder gar weniger statt mehr Zeit mit ihnen verbringen wollen. Im Falle von Herrn Wischnewsky war es wichtig, ihm zu vermitteln, dass er nicht automatisch ein schlechter Vater ist, wenn er sich im Umgang mit seinen Kindern schwertut. Und dass es in Ordnung ist, zunächst einmal die Übernachtungskontakte nicht auszuweiten, wenn zu viel Unsicherheit und eine vielleicht doch wackelige Beziehung zwischen Vater und Kindern besteht.

Es stellte sich heraus, dass Herr Wischnewsky dem Druck von außen – sprich dem seiner Eltern und seiner Schwägerin – nicht hatte standhalten können und keine Möglichkeit gesehen hatte, zu sagen, dass er mit der Umgangsregelung, so wie sie war, vollkommen zufrieden war. Auch wenn er seine Kinder seltener sah als einige andere getrennt lebende Väter.
Ich erklärte ihm, dass seine Gefühle in Ordnung und keineswegs »falsch« oder »krank« seien, wie er vermutete. Wenn er gerne eine bessere Beziehung zu seinen Kindern hätte und sich vorstellen könnte, diesbezüglich Hilfe anzunehmen, dann könnte man entsprechende Schritte einleiten.
»Ja, schon. Aber wie sieht das dann aus? Ich kann mir jetzt schon vorstellen, was meine Ex-Frau und meine Familie sagen werden. Die werden über mich herfallen. Und dann kriegen die Kinder womöglich zu hören: ›Der Papa kann nicht mit euch umgehen‹ oder ›Der will euch gar nicht bei sich haben‹. Das geht nicht. Das will ich auf keinen Fall! Ich kann ja auch nicht einfach den Antrag zurückziehen. Das ist doch alles …« Er seufzte und raufte sich die Haare.

Wir vereinbarten schließlich Folgendes: Ich würde vorschlagen, es bei der bisher bestehenden Umgangsregelung zu belassen. Herr Wischnewsky würde zustimmen und seiner Familie dazu erklären, dass er es schweren Herzens tue, aber keinen Sinn darin sehe, weiter zu kämpfen, wenn die Sachverständige diese Empfehlung gebe. Dies habe auch sein Anwalt gesagt. So könnte er dann zumindest sein Gesicht wahren.
Herr Wischnewksy würde mit seinen Kindern an einer Vater-Kind-Gruppe der Caritas teilnehmen. Er hatte vor, dies als »nettes Freizeitangebot« zu deklarieren.

Tatsächlich war die Gruppe nach außen hin genau das: ein Freizeitangebot für Väter mit Kindern. Sie wurde geleitet von einem Sozialpädagogen mit viel Erfahrung, Kreativität und Verständnis. Herr Birkmann hatte diese Gruppe vor vielen Jahren für Väter wie Herrn Wischnewsky ins Leben gerufen. Zwar gab es dort tatsächlich Freizeitangebote für Väter mit Kindern, die eigentliche Maßnahme bestand aber in einer begleitenden Erziehungsberatung und wöchentlichen Gruppengesprächen. Der Vorteil dieser Gruppe lag auf der Hand: Herr Birkmann erlebte die Väter während der Freizeitaktivitäten mit ihren Kindern und konnte so im Rahmen der Einzel- und Gruppengespräche auf gemeinsam Erlebtes zurückgreifen und besser auf sie eingehen.

Als ich Herrn Wischnewsky von diesem Angebot erzählte, konnte man seine Erleichterung förmlich sehen. Sie breitete sich auf seinem Gesicht aus und schien kurz darauf seinen gesamten Körper zu erfassen. Er atmete tief durch: »Jetzt fühl ich mich besser.«

Nicht nur, dass er nicht würde zugeben müssen, dass er Beratung in Anspruch nahm, er erkannte in diesem Moment etwas weitaus Wichtigeres: Er war nicht allein. Es gab noch andere Väter wie ihn. Und weder die Sachverständige noch der Sozialpädagoge verurteilten ihn für seine Gefühle.

Ich musste Herrn Wischnewsky allerdings hoch und heilig versprechen, dass ich niemandem außer Herrn Birkmann von seiner Situation erzählen würde.

»Wenn Sie meiner Ex-Frau davon erzählen, werde ich das alles abstreiten. Das geht nicht anders. Für mich kommt nicht in Frage, mit irgendjemandem aus meinem Umfeld darüber zu sprechen. Auf gar keinen Fall!«

Es war zwar etwas gewagt von mir, aber ich tat es. Und konnte das Versprechen halten.
Die Mutter der Kinder war überrascht und sehr erleichtert, als sie hörte, dass Herr Wischnewsky sich damit einverstanden erklärte, die Umgangskontakte so weiterlaufen zu lassen wie bisher. Auch seine Teilnahme an der Vater-Kind-Gruppe der Caritas erstaunte und freute sie gleichermaßen.
»Wissen Sie, das hätte ich nie gedacht, dass es für ihn in Ordnung sein könnte, wenn die Kinder auch weiterhin nicht bei ihm übernachten. Und dass er jetzt auch noch in so eine Gruppe geht ... Ich bin sprachlos. Vielleicht ist er ja doch nicht so verbohrt, wie ich dachte.« Frau Wischnewsky lächelte.
Und wie ich erfuhr, schrieb sie ihrem Ex-Mann noch am gleichen Abend einen langen Brief. Ich weiß nicht, was darin stand, aber ich hörte von Herrn Birkmanns Kollegin, dass sich Herr und Frau Wischnewsky in den folgenden Monaten wieder langsam angenähert hatten. Sie wohnten zwar weiterhin in getrennten Wohnungen, regelten aber den Alltag einvernehmlich und schienen für sich eine neue passende Art der Partnerschaft gefunden zu haben.

Der Mischael, der kann das alleine!

Der Mischael, der kann das alles ganz prima alleine! Das war schon immer so! Der braucht keine Hilfe. Von niemandem!«
»Ja, wissen Sie, Frau Dickmann, das …«
»Und wenn ich Ihnen sage, dass der das kann, dann kann der das auch! Das müssen Sie mir dann schon glauben!«
»Frau Dickmann, es ist …«
»Das weiß ich als Mutter ja wohl besser als jeder andere! Und ich sage Ihnen, der kann das! Alleine! Der braucht keine Hilfe! Bei gar nichts! Und wenn hier irgendwer was anderes sagt, dann soll der mal zu mir kommen! Dann erzähl ich dem aber was!«
»Ich verstehe, dass Sie …«
»Das muss man sich mal vorstellen! Nur weil irgendwelche Leute meinen, sie müssten sich überall einmischen, sitzen Sie jetzt hier und stellen lauter komische Fragen! Das glaub ich alles nicht!«
»Frau Dickmann …«
»Wie würden Sie sich denn fühlen an meiner Stelle?! Dass der Richter da überhaupt so jemanden wie Sie schickt. Bloß weil jemand behauptet …«
Frau Dickmanns Telefon klingelte.
Meine Chance.
Jetzt konnte ich zwar nach wie vor nicht mit ihr reden, aber es könnte möglich sein, endlich ein paar Worte mit »Mischael« zu sprechen, um den es ja eigentlich ging.
Frau Dickmann bellte ein »DICKMANN HIIIER!« in ihr

Telefon, ging Richtung Tür, drehte aber im Türrahmen wieder um, kam zurück an den Tisch und nahm »Mischael« an der Hand mit in den Garten, um dort zu telefonieren.

»Garten« war im Grunde nicht ganz die korrekte Bezeichnung für das, was sich da vor der Terrassentür befand. Also, zumindest dann nicht, wenn man unter »Garten« eine Fläche mit Rasen und ein paar Pflanzen versteht. Die Terrasse ging nahtlos in ... nun ja, in eine weitere Terrasse über, die sich nur insofern von der eigentlichen unterschied, als ihr Boden mit größeren Steinplatten belegt war. Einige der Platten waren weiß und stellten eine Art Weg dar. Auf den übrigen Platten stand jeweils in der Mitte entweder ein Gartenzwerg, ein Windrad aus buntem Plastik oder eine künstliche Pflanze. Die Farben der Pflanzen bewegten sich ausnahmslos zwischen fast weißem Hellgrün, fast weißem Rosa und fast weißem Hellblau. Offenbar standen sie nicht im ersten Sommer draußen.

Da stand nun also Frau Dickmann mit ihrem »Mischael« in der einen und dem Telefon in der anderen Hand inmitten unzähliger Gartenzwerge, künstlicher Pflanzen und ratternder Windräder, die sich tatsächlich nicht nur am Boden, sondern auch ringsum am Gartenzaun befanden. Hier war tatsächlich so ziemlich alles zu sehen, was es an Plastikdekorationsartikeln zu kaufen gibt: Efeu in hellstem Hellgrün, ehemals bunte Perlenketten, Spitzentischdeckchen (ja, auch aus Plastik und mit weißem Draht am Zaun befestigt) und der obligatorische Clown mit aufgemalter Träne. Diese traurige und auf mich immer auch irgendwie beängstigend wirkende Figur war mindestens zehnmal vertreten, und ich begann zu überlegen, ob es die Tränenclowns tatsächlich in wetterbeständiger Ausführung gab.

Ich vernahm einige »Was soll DAS denn?!«, »Näääa, auf keinen Fall!« und »Ich komm dir gleich rüber!!«. Kurze Zeit später stand Frau Dickmann wieder im Raum, »Mischael« noch immer an ihrer Hand, und erklärte: »Das war meine Tochter. Da muss ich dann schon drangehen. Wo waren wir stehengeblieben? Ach ja, der Mischael, der kann das alles …«
Es dauerte eine ganze Weile, bis ich Frau Dickmann klarmachen konnte, dass ich in erster Linie gekommen war, um mit ihrem Sohn zu reden. Ich versprach ihr, im Gutachten deutlich zu machen, dass sie der Ansicht war, ihr Sohn könne »das alles ganz alleine, das sag ich Ihnen!«, und erklärte, dass ich dieses Gutachten aber nur schreiben könne, wenn ich auch mit ihrem Sohn würde sprechen können. Alleine.
Schließlich konnte sich Frau Dickmann dazu durchringen, den Raum zu verlassen – dies allerdings nicht ohne »Mischael, der alles alleine kann« vorher mehrfach zu versprechen, dass sie nur nebenan sein werde und er sie jederzeit dazuholen könne. Sie ging tatsächlich aus dem Zimmer.
Da saßen »Mischael« und ich nun also in diesem Wohnzimmer, welches gemessen am Plastikaufkommen des Gartens schon fast als gemütlich bezeichnet werden konnte.

»Mischael« hatte sich bislang in erster Linie durch Schweigen, Blickkontakt-Vermeiden und Auf-seine-Mutter-Hören ausgezeichnet. Nun saß er mir gegenüber, rührte hektisch in seiner Kaffeetasse und räusperte sich mehrmals. Ich bemerkte, wie ich ungeduldig und auch irgendwie ärgerlich wurde.
»Mischael« war zweiundvierzig Jahre, arbeitslos und lebte seit geraumer Zeit wieder bei seiner Mutter. Das kann ja nun jeder halten, wie er möchte. Wenn aber ein solcher Mann unbedingt das Sorgerecht für seine drei kleinen Kinder haben möchte, dann frage ich mich schon, ob *er* das möchte oder

seine Mutter. Davon abgesehen hatte »Mischael«, also Herr Dickmann, in der gesamten Zeit seiner Ehe offenbar nichts weiter getan, als seiner Frau beim Kinderkriegen, Alkoholtrinken und Kinder-Vernachlässigen zuzusehen. Die Kinder waren inzwischen zwei, vier und sechs Jahre alt und so auffällig, dass die Leiterin des Kindergartens mehrfach beim Jugendamt vorgesprochen hatte.
Herrn Dickmanns Mutter hatte davon erfahren und sofort reagiert, indem sie ihrem »Mischael« befahl, sich von dieser Frau zu trennen und umgehend zu ihr zu ziehen.
Da saß er nun im Wohnzimmer seiner Mutter und rührte weiter in seiner Kaffeetasse, als hätte er beschlossen, dies einfach so lange zu tun, bis die böse Frau Gutachterin wieder weg ist.

Das Gespräch mit Herrn Dickmann gestaltete sich also zunächst äußerst schwierig. Er sprach sehr leise, schaute auf die Tischdecke, als stünden dort seine knappen Antworten geschrieben, und hörte nicht auf, in seinem Kaffee zu rühren.
Ich bemerkte, wie mir das zunehmend die Konzentration raubte. Das Geräusch konnte ich nun kaum mehr ausblenden.
Außerdem saß ich nun schon seit fast einer Stunde hier im Plastikgartenhaus und wusste nur, dass »der Mischael, der das alles ganz alleine kann« außer: »Ich weiß ja auch nicht …«, »Ich hab es doch nur gut gemeint« und »Das kann ich mir auch nicht erklären« kaum etwas zu sagen hatte.
Offenbar hatte Herr Dickmann bis vor einem halben Jahr eine volle Stelle bei einer Elektronikfirma gehabt und an den Wochenenden als Lkw-Fahrer noch etwas dazuverdient. Er war kaum zu Hause gewesen und hatte gedacht, seine Frau würde mit den Kindern zurechtkommen. Er hatte schon bemerkt, dass der Haushalt zunehmend verwahrloste und auch dass seine Kinder recht still waren, aber seine Frau hatte im-

mer für alles eine für ihn einleuchtende Erklärung gehabt und ihm, als er einmal doch genauer nachfragte, gedroht, die Kinder mitzunehmen und ihn für immer zu verlassen.
Diese Drohung war für Herrn Dickmann so beängstigend gewesen, dass er sich danach nie wieder beschwert und auch keine Erklärungen mehr für diverse Missstände verlangt hatte. Nachdem ich ihn gemeinsam mit seiner Mutter erlebt hatte, glaubte ich ihm das sofort.
Vor meinem geistigen Auge sah ich »Mischael«, wie er von seiner Frau an die Hand genommen und auf den Balkon geführt wird, um dort so lange zu bleiben, bis er keine dummen Fragen mehr stellt.
Ich wischte das Bild schnell weg und konzentrierte mich wieder auf Herrn Dickmann, wie er mir gegenüber am Tisch saß. Er schien gefangen hinter einer dicken Mauer aus Gehorsam seiner Mutter und auch seiner Frau gegenüber. Und nun befand er sich auch noch in einer undurchdringlichen Kaffeerühr-Zeitschleife …
Doch seine Mutter rettete ihn.
Sie riss so plötzlich die Tür auf, dass er vor Schreck seine Tasse umstieß, in der sich daraufhin nichts mehr zum Rühren befand.
»ICH MUSS JETZT LOS!«, trompetete Mutter Dickmann, verschwand schimpfend, kam wieder, schubste ihren Sohn, so dass der fast vom Stuhl gefallen wäre, und wischte unter »Dich-kann-man-auch-keine-Sekunde-aus-den-Augen-lassen-was-hast-du-denn-da-schon-wieder-angestellt« den Kaffee vom Tisch.
Ich stand auf und schüttelte ihr die Hand.
»Oh, falls ich dann schon weg bin, wenn Sie wiederkommen, bedanke ich mich schon einmal ganz herzlich für Ihre Zeit und den Kaffee.«

Frau Dickmann stutzte und war offensichtlich gar nicht damit einverstanden, dass ich nun mit ihrem »Mischael« alleine im Haus sein würde. Sie ging zur Kommode, auf der einer der Tränenclowns aus dem Garten herumlungerte, kramte in einer Schublade und legte ihrem Sohn ein Handy in die Hand.

»DA! Meine Nummer hab ich dir schon gewählt. Du musst nur da draufdrücken, dann komm ich gleich nach Hause.«

Ich war sehr erleichtert, als sie danach ohne weitere Ermahnungen für »Mischael« und Erklärungen an mich, dass »der das alles alleine kann«, verschwand.

Und auch ihr Sohn war auf einmal sichtlich entspannter. Er schaute zwar nach wie vor auf die Tischplatte, atmete aber ein paarmal tief ein und aus und schien kein Problem damit zu haben, dass seine Hand nun nicht mehr sinnlos in der Kaffeetasse rühren konnte.

Schließlich sah er auf und fragte leise: »Was soll ich denn jetzt machen?«

Endlich.

Endlich eine Reaktion von ihm, die in die richtige Richtung ging.

»Was ist denn Ihr Wunsch, Herr Dickmann? Und ich meine damit wirklich IHREN Wunsch und nicht den Ihrer Mutter.«

»Ich möchte meinen Kindern ein guter Vater sein und sie glücklich sehen.«

Diese Antwort kam wie aus der Pistole geschossen.

Eine so schnelle und vor allem auch sinnvolle Reaktion hatte ich offen gestanden nicht erwartet.

Ein Hoffnungsschimmer.

Vielleicht war es ja doch möglich, ein konstruktives Gespräch mit ihm zu führen und mit ihm gemeinsam eine Lösung zu erarbeiten.

»Herr Dickmann, ich will ehrlich zu Ihnen sein …«

Der Beginn meiner Erklärung wurde lautstark von Roland Kaiser begleitet, der an den schneeweißen Stränden von Santa Maria die Jugend einer Frau in den Händen hielt. Offenbar hatte er in einem seiner Urlaube eine Inselschönheit entjungfert und sich dann am Morgen danach aus dem Staub gemacht. Und mit so etwas verkaufte er dann Millionen Singles, zu denen Hausfrauen auf der heimischen Eckbank Eierlikör schlürfen und sehnsüchtig seufzen. Also, da fragt man sich doch …

Nachdem Herr Dickmann und ich uns gefühlte drei Minuten mit einer Mischung aus Erstaunen und Ratlosigkeit angestarrt hatten, blickte »Mischael« wieder auf die Tischplatte und sah dort das Handy hysterisch blinken und zucken.

»Da muss ich drangehen …«

Kaum hatte Herr Dickmann das Handy am Ohr, vernahm ich schon die schrille, inzwischen wohlbekannte Stimme: »MISCHAAAAEEEEL, WIE LANGE DAUERT DAS DENN, BIS DU MAL ABNIMMST!!?! IS SE ENDLICH WEG??!«

Offenbar war Frau Dickmann der Ansicht, die räumliche Distanz zwischen ihr und dem Angerufenen durch Lautstärke wettmachen zu müssen.

»Mischael« schaute mich entschuldigend an und verließ das Zimmer. Gedämpft hörte ich seine Versuche, zu antworten und selbst etwas zum Gespräch beizutragen.

»Mama … Ja, ich …«

»Nein … Mama, ich …«

»Ja … Mama … Ja …«

»Mama …«

»Mama, hör … Mama … Hör mir … Mama …«

»Ja …«

»Ja …«

»Mama, ich …«

»Ja …«
Er kam erschöpft und mit hängenden Schultern wieder an den Tisch, setzte sich und starrte erst das Handy in seiner Hand und dann mich mit leerem Blick an.

»Sie ist gleich wieder da. Ich glaube, Sie gehen besser …«
Es gibt Momente, da muss man sich einfach geschlagen geben. Es war offensichtlich, dass ich an diesem Tag kein fruchtbares Gespräch mehr mit Herrn Dickmann würde führen können. Wir verabredeten uns zu einem weiteren Gespräch – ohne seine Mutter und in neutraler Umgebung.
In der Haustür stehend, sah Herr Dickmann so verloren und mutlos aus, dass ich mich beinahe mit einem freundlichen Tätscheln und »Mach's gut, Mischael« verabschiedet hätte.

Herr Dickmann sagte den vereinbarten Termin am Abend zuvor ab und begründete dies mit wichtigen Behördengängen. Das kannte ich schon. Natürlich sagen die Menschen häufig Termine ab, wenn sie sie denn überhaupt absagen, statt einfach nicht zu erscheinen oder nicht zu Hause zu sein. Begutachtungstermine sind meist unangenehm, und da wird der Gang zum Arbeitsamt, zur Post oder zum Friseur schon mal so wichtig, dass er unaufschiebbar ist und leider eben an genau diesem Tag und zu dieser Zeit stattfinden muss.
Wir vereinbarten also einen weiteren Termin, der kurz darauf von »Mischaels« Mutter auf einen drei Wochen späteren Termin verschoben wurde.
»Der kann erst in drei Wochen. Das geht nicht früher, das müssen Sie schon verstehen!«
»Frau Dickmann, es wäre aber wichtig …«
»Ja, ja, das ist immer alles wichtig. Schon klar. Der kann erst in drei Wochen und Punkt.«

»Wenn ich bitte mal mit Ihrem Sohn …«
»Meine Güte! Sie können ja mit dem Mischael sprechen. In drei Wochen. Das wird ja wohl noch Zeit haben bis dahin. Das geht nicht früher!«
»Frau Dickmann …«
»Das ist sowieso alles Zeitverschwendung. So ein Kokolores! Da ist alles in Ordnung beim Mischael! Da müssen Sie gar nicht mit dem reden. Ich habe Ihnen alles gesagt, was Sie wissen müssen.«
Eine spätere Rücksprache mit Herrn Dickmann ergab, dass »meine Mutter da schon recht hat. Das geht nicht früher. Da kann ich nichts machen …«

Als ich Herrn Dickmann schließlich wieder traf, erzählte er, dass er seit dem letzten Besuchskontakt bei seinen Kindern vor einigen Tagen nicht mehr geschlafen habe. Er schien tatsächlich aufgewühlt.
Alle drei Kinder konnten für den Zeitraum, in dem geklärt wurde, wo sie denn nun dauerhaft leben sollten, glücklicherweise gemeinsam in einer Bereitschaftspflegefamilie untergebracht werden. Die Eltern hatten getrennt voneinander einmal pro Woche für einige Stunden Besuchskontakte, bei denen jeweils ein Mitarbeiter des Kinderschutzbundes anwesend war, um zu garantieren, dass die Besuche auch zum Wohl der Kinder verliefen.
Herr Dickmann erzählte, er habe mit seinen Kindern bei der Pflegefamilie im Garten gespielt.
»Und da … Da haben die Kinder …«
Er brach ab und rang um Fassung.
»Wissen Sie, ich hab da so mit denen gespielt und dann …«
Herr Dickmann schaute nach unten, knetete seine Hände und holte mehrmals tief Luft.

»Die Kinder haben … Sie haben alle drei …«
Himmel! WAS haben sie denn nun?! Ich sah, wie schwer es Herrn Dickmann fiel zu erzählen, was die Kinder getan, gesagt oder gefragt haben, wurde aber nun doch ungeduldig, weil mein Kopf schon damit begonnen hatte, diverse Möglichkeiten durchzuspielen.
»Herr Dickmann, was haben Ihre Kinder?«
Er schaute mich an, und ich sah, dass er weinte.
»Gelacht! Sie haben gelacht!«
Herrn Dickmann schüttelte es, so sehr schluchzte er.
Ich musste ihm das Taschentuch in die Hand legen, weil er kaum noch etwas um sich herum wahrzunehmen schien, und ließ ihn erst einmal zu Ende weinen.

Die Kinder haben gelacht. Und ich ahnte, was ihn daran so erschüttert hatte.
Nach einigen Minuten, in denen mir unter anderem einfiel, wie froh ich sein konnte, dass ich diesen Termin alleine mit Herrn Dickmann hatte und nicht Gefahr lief, dass seine Mutter jeden Moment ins Zimmer gepoltert kam, um mich dafür zu schimpfen, dass ich ihren »Mischael« zum Weinen gebracht hatte, hatte sich Herr Dickmann wieder beruhigt.
Er erzählte, dass ihm an diesem Nachmittag erst klargeworden war, wie unglücklich seine Kinder gewesen sein mussten. Er hatte sie schon so lange Zeit nicht mehr lachen gehört, dass es ihm ganz fremd erschienen war.
Und dann redete er sich seinen ganzen Schmerz, seine Wut und seine Verzweiflung von der Seele. Er sprach davon, wie er vor seinen Kindern zu weinen angefangen und die Pflegemutter ihn beiseitegenommen hatte. Er erzählte, dass er erst jetzt verstanden habe, was die ganze Zeit so furchtbar schiefgelaufen war.

»Ich hab einfach immer gedacht, alle anderen wissen besser als ich, was richtig ist. Ob da meine Mutter sagt, was zu tun ist, oder meine Frau mir sagt, dass das alles so in Ordnung sei … Und ich wollte das ja auch glauben. Aber ich hab doch gewusst, dass was nicht stimmt! Das spürt man ja. Aber ich hab viel zu viel Angst gehabt, dass meine Frau weggeht und die Kinder mitnimmt, und ich dann ganz alleine bin. Und das ist ja auch schon so lange so gelaufen. Ich wollte mir nicht selbst sagen müssen, dass ich total versagt habe als Vater. Aber das hab ich. Ich hab einfach nichts gemacht. Und meine Kinder sind fast kaputtgegangen. Ich bin so ein Feigling. Wie soll ich das denn meinen Kindern erklären? Und wie soll ich denn damit weiterleben? Das kann ich ja nie wiedergutmachen! Ich hab danebengestanden und nichts getan. Und meine Kinder haben das Lachen verlernt!«

Es war einer der wenigen Augenblicke, in denen mir für einen Moment die professionelle Distanz verlorenging. Diesem Mann dabei zuzusehen, wie er immer wieder von Emotionen überrollt wurde, um Fassung rang, erklärte, analysierte, verzweifelte, Hoffnung schöpfte und schließlich einen Weg fand, überraschend reflektiert über seine Vergangenheit zu sprechen, war sehr berührend. Und beeindruckend.

Ich gebe zu, dass ich Herrn Dickmann all das nach dem ersten Zusammentreffen nicht unbedingt zugetraut hätte.

Nachdem er lange genug über seine Schuldgefühle, Zweifel und Wünsche gesprochen hatte, machten wir eine Pause, die ich ebenso nötig hatte wie er.

Es ist meiner Meinung nach vollkommen in Ordnung, wenn man auch als Sachverständige hin und wieder so sehr mitfühlt, dass man eher in die Therapeuten- oder schlimmstenfalls Freundesrolle zu rutschen droht. Das kommt vor und ist menschlich.

Aber um weiter korrekt zu begutachten, sollte man dann eben etwas tun, um wieder die nötige Distanz herzustellen, so dass man das Ganze so neutral wie möglich überblicken kann. Eine Pause mit Kopfhörern und ein bis zwei guten Songs oder einer langen Mail an einen guten Freund wirkt bei mir Wunder. Diesmal war ich zu aufgewühlt, um eine Mail zu schreiben, und entschied mich für die Kopfhörer und Tony Joe White. Danach kramte ich in den Tiefen meines Rucksacks ein glücklicherweise noch nicht fossiles Kaubonbon hervor und ging gestärkt wieder zu Herrn Dickmann zurück.

Dieser sah nun auch deutlich besser aus.
Wir sprachen lange über die verschiedenen Möglichkeiten, die es gab, und er stellte jede Menge Fragen. Es waren ernsthafte und an den Kindern orientierte Fragen.
Herrn Dickmann ging es nicht darum zu erfahren, wie er seine Kinder nun schnellstmöglich zu sich holen könnte, sondern was er tun sollte, damit es seinen Kindern gutgehen und sie ihre Vergangenheit so effektiv wie möglich verarbeiten könnten.
Noch ein schöner Moment an diesem Tag.
Ich gestehe mir auch in meiner Sachverständigenrolle zu, mich über Menschen zu freuen, die wirklich und wahrhaftig das Beste für Kinder tun wollen. Egal ob es sich dabei um Eltern, Lehrer, Richter, Anwälte, Jugendamtsmitarbeiter oder die Blockflötenlehrerin handelt; wenn ich Derartiges erlebe, bin ich einfach nur dankbar für diesen Augenblick. Und dann spare ich nicht mit Lob, denn ich finde, diese Menschen haben jegliche Unterstützung verdient – und sei es zunächst erst einmal nur durch ein ehrliches und ausführliches Lob.

Meinen nächsten Termin hatte ich bei der Bereitschaftspflegefamilie, in der die drei Kinder untergebracht waren. Ich möchte an dieser Stelle eine tiefe Verbeugung vor allen Bereitschaftspflegefamilien machen und ihnen danken: »Normale« Pflegefamilien leisten auch Unglaubliches, keine Frage, aber Bereitschaftspflegefamilien nehmen die Kinder von heute auf morgen auf und kümmern sich für eine unbestimmte Zeit um die meist verstörten neuen Familienmitglieder. In der Regel wird das Familienleben dadurch komplett durcheinandergebracht. Die Bereitschaftspflegeeltern müssen mehrfach nachts aufstehen, viele Termine wahrnehmen (Arzt-, Logopäden-, Psychologentermine, Besuchskontakte zu den Eltern, Hilfeplangespräche beim Jugendamt) und vor allem diesen Kindern Halt, Struktur und Geborgenheit geben. Das alles mit dem Wissen, dass alle diese Kinder die Familie wieder verlassen werden. Denn das ist es, was die Bereitschaftspflegefamilien ausmacht: Sie springen ein, wenn es brennt, und helfen, so gut es geht, bis die Kinder entweder in ihre Ursprungsfamilien zurückkehren können oder beispielsweise in eine Dauerpflegefamilie vermittelt werden. Ich muss ganz ehrlich gestehen: Was diese Familien leisten, könnte ich vermutlich nicht. Und ich habe größten Respekt vor jeder einzelnen dieser Familien.

Die Bereitschaftspflegemutter, Frau Poggel, berichtete, dass sich alle drei Kinder recht schnell eingelebt hätten. Man merke ihnen aber die Vernachlässigung der letzten Jahre an. Dies zeigte sich insbesondere bei der sechsjährigen Samantha und ihrem Verhalten den kleinen Geschwistern gegenüber. Sie hatte am ersten Tag in der Pflegefamilie ganz selbstverständlich die Windeln der Zweijährigen gewechselt – und dies erstaunlich gut gemacht. Den Vierjährigen hatte sie ermahnt,

sich nicht schmutzig zu machen und beim Essen vorsichtig zu sein, ihm beim Anziehen geholfen und generell stets ihre kleinen Geschwister im Blick gehabt. Als der Pflegevater mit den beiden im Badezimmer gewesen war, um sie für die Nacht fertig zu machen, und Frau Poggel die Zeit hatte nutzen wollen, um ein wenig besser mit Samantha in Kontakt zu kommen, kam sie nicht an das Mädchen heran. Samantha wurde sehr unruhig, fragte immer wieder, wo ihre Geschwister seien, und konnte sich erst dann entspannen, als die Pflegemutter mit ihr ins Badezimmer ging.
Alles in allem hatte Samantha eine ihrem Alter vollkommen unangemessene Erwachsenenrolle übernommen, die sie natürlich überforderte, die sie aber auch nicht so einfach wieder ablegen konnte und wollte.
Neben ihrem überdimensionalen Verantwortungsgefühl für ihre Geschwister machte sie sich auch Sorgen um ihre Mutter. Sie fragte immer wieder, ob es der Mama gutgehe und ob sie alles habe, was sie brauche.
Ich hatte die Vermutung, dass Samantha nicht nur ihre Geschwister, sondern zumindest phasenweise auch ihre Mutter versorgt hatte. Und das im Alter von sechs Jahren. Wenn es nicht so traurig wäre, könnte man es als beeindruckende Leistung bezeichnen. Aber so kann und will ich das nicht sehen. Kein Kind sollte solche Aufgaben übernehmen – und eine so große Verantwortung tragen müssen.

Frau Poggel berichtete zu den Besuchskontakten: »Wenn die Mutter da ist, beschäftiget sie sich kaum mit den Kindern. Die erwarten das aber offenbar auch nicht und fordern es nicht ein. Die Mutter trinkt dann Kaffee, schaut ihren Kindern beim Spielen zu und hat eigentlich in erster Linie das Bedürfnis, sich zu unterhalten. Also, mit mir oder der Dame vom

Kinderschutzbund. Mit den Kindern spricht sie so gut wie gar nicht.«
Die Besuche der Mutter verliefen unspektakulär, waren aber für Samantha dennoch anstrengend. Sie versicherte sich immer wieder in besorgtem Tonfall bei ihrer Mutter, ob sie alles habe, was sie brauche, und war nach den Kontakten meist sehr aufgewühlt.
»Das ist aber ja leider ein Verhalten, das wir zur Genüge auch von anderen Kindern aus solchen Familien kennen. Es fällt der Kleinen eben schwer, ihrer Mutter nicht so helfen zu können wie sonst. Und sie hat kein Vertrauen. Samantha glaubt nicht, dass ihre Mutter alleine zurechtkommt. Da muss man ihr immer wieder versichern, dass ihrer Mutter nichts Schlimmes passiert, und vor allem, dass es nicht ihre Aufgabe ist, sich um ihre Mutter zu kümmern. Aber erklären Sie das mal einer Sechsjährigen, die es nicht anders kennt.«
Als ich nach dem letzten Kontakt der Kinder zum Vater fragte, wurden Frau Poggels Augen feucht.

Es war ihr etwas unangenehm, und sie atmete ein paarmal tief durch: »Sie müssen entschuldigen. Ich mach das hier schon wirklich lange, aber so was … Also, so was hab ich noch nie erlebt. Das war so ein … Das klingt jetzt blöd, aber das war so ein Moment der Erkenntnis für den Vater. Der Herr Dickmann war so aufgelöst. Ich hab ihn dann von den Kindern weggeholt, und die Frau vom Kinderschutzbund hat sich dann mit den dreien beschäftigt. Ich hab dann recht lange mit dem Vater gesprochen. Der war so fertig! Ich habe ihn erst gehen lassen, als er mir versprochen hat, dass er sich nichts antut. Schon alleine wegen der Kinder. Ich hatte da wirklich Sorge. Es ist ja auch furchtbar, wenn einem plötzlich klarwird, wie sehr die eigenen Kinder gelitten haben und dass man selbst mit schuld ist. Also, das war wirklich heftig. Aber auch toll. Denn wann haben wir hier schon mal Eltern, die verstehen und dann auch Verantwortung übernehmen?«

Wir wurden unterbrochen, weil Samantha ins Zimmer kam.
»Der Gerd ist mit den Kleinen auf den Spielplatz und hat gesagt, ich muss hierbleiben, weil ich noch mit der Frau reden soll.«
Sie wirkte unglücklich, und es war offensichtlich, dass sie jetzt aus mehreren Gründen lieber mit dem Pflegevater auf dem Spielplatz gewesen wäre.
Ich bot Samantha an, erst einmal etwas mit ihr zu spielen, aber sie lehnte ab, setzte sich und sagte: »Bei der Mama war es gar nicht so schlimm. Ehrlich nicht. Wir können da jetzt wieder hin, weil da jetzt sicher wieder alles okay ist. Die Mama hat auch sicher schon aufgeräumt.«
Was nun folgte, war ein Gespräch, das ich schon häufig in ähnlicher Form geführt hatte: Samantha wusste ziemlich genau, was sie im Sinne ihrer Mutter erzählen durfte, vor allem sollte, und was nicht. Sie beschrieb ihre Mutter als perfekte Hausfrau, schilderte fürsorgliches Verhalten und ein harmonisches Familienleben. Auf vorsichtige Fragen danach, was sie so tagsüber gespielt und welche Dinge sie gern mit ihrer Mutter gemacht habe, antwortete sie mit »Weiß ich nicht« und wurde unruhig. Also fragte ich nicht weiter.
Natürlich kann man Kinder in diesem Alter dazu bringen, dass sie sich verhaspeln und irgendwann doch zumindest teilweise erzählen, wie das Zusammenleben mit der Mutter oder den Eltern wirklich war.
Aber es gibt leider hin und wieder Fälle, in denen es wichtig ist, etwas mehr von den Kindern zu erfahren. Ich finde diese Situationen immer äußerst schwierig, denn mein Bestreben ist

es natürlich, dass es den Kindern nach der Begutachtung besser- und keinesfalls schlechtergeht.

Ich führe immer noch ein Abschlussgespräch mit den Eltern, in denen ich ihnen meine Empfehlung an den Richter und auch das weitere Vorgehen erläutere. Natürlich habe ich in diesen Gesprächen auch die Möglichkeit, den Eltern zu erklären, warum ihr Kind dieses oder jenes gesagt hat, weshalb die Diagnostik möglicherweise etwas ergeben hat, was die Eltern so nicht erwartet oder erhofft hatten, und dass das Wichtigste zukünftig sein wird, auf die Bedürfnisse der Kinder zu achten. Manche Eltern erkennen im Laufe der Begutachtung, dass sie durch den ganzen Stress des Gerichtsverfahrens ihre Kinder aus dem Blick verloren haben, und können das dann schon alleine durch diese Erkenntnis ändern. Es gibt aber eben auch die Gruppe der Beratungsresistenten …

Was also, wenn ein Kind recht offen über die Missstände in der Familie berichtet (oft genug, weil es diese aufgrund seiner eigenen Geschichte gar nicht als solche empfindet) und danach Vorwürfen oder gar Bestrafungen durch seine Eltern ausgesetzt ist?
Da steckt man als Sachverständige in einem Dilemma und muss meiner Ansicht nach zunächst einmal alles tun, um auch ohne Aussagen der Kinder zu einem sinnvollen Ergebnis zu kommen.
In Samanthas Fall war die Gefahr negativer Reaktionen ihrer Mutter eher gering, da sie ja nicht mehr mit dieser zusammenlebte und sie auch nicht ohne Begleitung sah, aber ganz sicher hätte sich Samantha große Vorwürfe gemacht, wenn ihr mir gegenüber herausgerutscht wäre, dass doch nicht alles so wunderbar gewesen war, wie sie zunächst berichtet hatte. Zu-

dem gab es genug andere Quellen, die ich nutzen konnte, um die Begutachtung durchzuführen. Da waren die Kindergärtnerinnen, der Kinderarzt, das Jugendamt und natürlich auch meine eigenen Gespräche mit der Mutter sowie die noch ausstehende Interaktionsbeobachtung zwischen ihr und den Kindern.

Also unterhielt ich mich noch ein wenig mit Samantha über eher unverfängliche Themen, wie die neue Schule und das gestern gemalte Bild, das noch auf dem Tisch lag. Sie wirkte endlich etwas kindlicher und mehr wie ein Grundschulkind als wie eine Jugendliche, die alles im Griff hat. Schön.

Als ich sie nach ihrem Vater fragte, lächelte sie: »Der ist lieb. Ein bisschen komisch manchmal, aber lieb. Und der spielt jetzt immer mit uns, wenn der uns hier besucht. Das ist schön. Warte, ich hol mal was.«

Samantha stand auf und lief aus dem Zimmer. Nach kurzer Zeit kam sie mit einem Block wieder zurück. Sie legte ihn vor mir auf den Tisch.

»Das hab ich für Papa gemalt. Wenn er das nächste Mal kommt, geb ich ihm das.«

Zu sehen war ein großes Herz, das Samantha in Rosa und Rot ausgemalt und mit Goldglitzer bestreut hatte (offenbar mit zu wenig Klebstoff, denn sie hinterließ nun überall Glitzerspuren – und ich wahrscheinlich bald auch). An den rechten oberen Rand hatte sie eine Sonne gezeichnet, die freundlich lachte. Unter alldem stand in roter Schrift und mit rosa Herzchen verziert: »Für Papa. Ihc hab dihc lib. Deine Samantha.«

Ich sah auf, und Samantha strahlte mich an.

»Da freut er sich ganz bestimmt sehr!«

Die Interaktionsbeobachtungen zwischen den Eltern und Kindern brachten keine überraschenden Erkenntnisse. Frau

Dickmann, die Mutter der Kinder, trank Kaffee, versuchte mich in ein Gespräch zu verwickeln und verbrachte insgesamt fast genauso viel Zeit vor der Tür, um zu rauchen, wie damit, am Tisch zu sitzen und ihren Kindern mit leerem Blick beim Lego-Bauen zuzusehen. Es war traurig zu sehen, wie wenig Interesse sie an einer echten Interaktion mit ihren Kindern hatte.
Herr Dickmann war bemüht, aber auch sehr unsicher im Umgang mit seinen drei Kindern. Wahrscheinlich war er es auch zuvor schon gewesen und darauf angewiesen, dass man ihm sagte, was er zu tun hatte. Jetzt aber schien er von der Erkenntnis seines eigenen Versagens in der Vergangenheit wie paralysiert und schaute immer wieder mit fragendem Blick zu mir. Es wurde deutlich, dass er trotz seines guten Willens und Interesses an seinen Kindern (noch) nicht alleine für Samantha und ihre kleinen Geschwister würde sorgen können.

Im anschließenden Gespräch zeigte er sich einsichtig und erkundigte sich nach Möglichkeiten, etwas zum Positiven zu ändern.
»Ich könnte ja mit den Kindern zu meiner Mutter ziehen. Die könnte mir helfen. Das würde die auch machen. Also, nur … Ich würde das nicht so gern so machen, aber wenn das gut für die Kinder wäre …«
Vor meinem geistigen Auge sah ich die Zweijährige stumm zwischen unzähligen verblichenen Gartenzwergen und einer Armee von Windrädern stehen. Ich sah Frau Dickmann mit »Mischael« an der einen und dem Vierjährigen an der anderen Hand zum Einkaufen gehen. Samantha und Frau Dickmann gemeinsam auf »Mischael« einreden, dass er aufpassen und nicht wieder kleckern solle. Samantha morphte zu einer verkleinerten Ausgabe von Frau Dickmann und schnauzte ein

»Der kann das alles ganz alleine, das Kleckern« in meine Richtung.
Nein.
Auch abgesehen von diesen sich aufdrängenden Bildern war für mich klar: Herr Dickmann durfte keinesfalls mit den Kindern zu seiner Mutter ziehen.
Sofern es überhaupt eine Möglichkeit geben würde, die drei Kinder bei Herrn Dickmann aufwachsen zu lassen, dann nur, wenn das langfristige Ziel »Herstellung der Erziehungsfähigkeit des Vaters« als erreichbar eingeschätzt werden konnte. Und dazu gehörte in erster Linie, dass Herr Dickmann eine Selbständigkeit entwickelte, die er als »Mischael« ebenso wenig würde erreichen können wie ein Dreijähriger die Keksdose, die jemand ganz oben auf den Küchenschrank gestellt hatte.
Es musste eine andere Lösung her. Eine, die Herrn Dickmann, aber vor allem den Kindern eine Chance gab.

Natürlich wäre es am einfachsten zu sagen, dass ja wohl beide Elternteile in der Vergangenheit zweifellos versagt hätten und deshalb die drei Kinder am besten in einer kompetenten Pflegefamilie aufgehoben wären.
Eine Rückkehroption zur Mutter gab es tatsächlich nicht, denn die hatte sich weder einsichtig noch veränderungsbereit gezeigt, war im Laufe der Begutachtung dreimal vollkommen betrunken von der Polizei aufgegriffen worden (zweimal randalierend in ihrer Stammkneipe und einmal am frühen Nachmittag, als sie darauf bestanden hatte, ihre Lebensmitteleinkäufe mit sexuellen Gefälligkeiten zu bezahlen) und hatte in keinem der Gespräche mit mir erwähnt, dass sie ihre Kinder wieder bei sich aufnehmen wollte.

Herr Dickmann hingegen hatte den festen Willen, sich von jetzt an gut um seine Kinder zu kümmern, würde dabei aber viel Unterstützung benötigen. Eine Garantie, dass er es zukünftig schaffen würde, ein verantwortungsvoller und selbstbewusster Vater zu werden, gab es nicht.
Aber es gab Anzeichen dafür, dass Herr Dickmann es mit der entsprechenden Hilfe würde schaffen können. Er war selbstkritisch, hatte im Rahmen der letzten beiden Besuchskontakte einige Ratschläge der Dame von Kinderschutzbund umsetzen können, er war am Wohl seiner Kinder interessiert und bereit, einiges dafür zu tun, dass es den dreien zukünftig gutgehen würde.
Also machte ich ihm einen Vorschlag: Es gab in der Nähe (etwa eine Stunde Fahrtzeit entfernt) eine sehr gute Einrichtung für Familien mit Kindern, bei denen eine ambulante Hilfe nicht ausreichte, also für Familien, die nahezu rund um die Uhr betreut werden mussten. Ich hatte mit dieser Einrichtung in früheren Fällen sehr positive Erfahrungen gemacht und konnte mir gut vorstellen, dass Herr Dickmann hier die Unterstützung erhalten würde, die er brauchte, um irgendwann einmal mit seinen Kindern in eine eigene Wohnung ziehen zu können.
Herr Dickmann war einverstanden
Frau Dickmann nicht.
Weder die eine noch die andere.

Die Mutter der Kinder fand die von mir vorgeschlagene Lösung nicht fair. »Ich finde, dass keiner von uns beiden die Kinder haben darf. Das ist doch total ungerecht, wenn die bei dem einen wohnen und der andere dann alleine ist. So was geht doch nicht!«
Auf den Hinweis, dass es situationsgemäß nach den meisten

Trennungen von Eltern so ist, dass die Kinder bei dem einen Elternteil leben und den anderen besuchen, erklärte sie: »Das ist mir doch egal, was andere machen. Wenn die Kinder nicht bei mir sind, sollen die auch nicht bei ihm sein. Dann lieber in einer Pflegefamilie oder im Heim. Das ist dann gerecht so.«

Auch mein Argument im Hinblick auf das Kindeswohl zog nicht. »Das ist für die Kinder doch egal. Die haben da, wo sie jetzt sind, einen Garten und so. Wenn die dann in eine Pflegefamilie mit Garten kommen, wär das auch toll für die. Oder in einem Heim. Da haben die ja auch immer viel Spielzeug. Und andere Kinder zum Spielen. Und so. Die können überall wohnen, die drei.«

Mein Gott ... Ich ersparte ihr und mir weitere Erklärungen und hoffte auf einen vernünftigen Richter und darauf, dass der Anwalt der Mutter einer derjenigen war, denen das Wohl der Kinder am Herzen lag und der notfalls auch mal ein paar klare Worte mit seiner Mandantschaft wechselte.

Dann kam, was kommen musste: »Mischaels« Mutter rief mich an und polterte ins Telefon: »Was haben SIE denn da für eine hirnverbrannte Idee gehabt? Wieso soll der Mischael denn jetzt so weit weg in eine Anstalt? Der ist doch nicht verrückt! Das sind ja wohl SIE! Also, das fasse ich ja nicht!«

Nun war die Meinung von Frau Dickmann senior zwar nicht relevant für das Gericht, aber ich wusste, dass sie in der Realität jede Menge Ärger machen konnte.

»Frau Dickmann, das ist keine Anstalt, sondern ...«

»Ja, ja, das wird dann immer gesagt. Das ist keine Anstalt! Das ist keine Anstalt! Ja, klar! Und nachher wird man mit Medikamenten vollgestopft und kommt da nie wieder raus! So wird das doch immer gemacht! Aber nicht mit mir! Das

können Sie mal schön vergessen! Der Mischael bleibt, wo er ist!«
»Aber es geht doch um …«
»Ja, das will ich gar nicht wissen, worum es Ihnen geht, hören Sie mal! Sie mit Ihren verrückten Ideen! Vielleicht sollten SIE ja mal in eine Anstalt gehen! Aber nicht mein Mischael! Das kommt nicht in die Tüte! Nicht mit mir!«
»Frau Dickmann, Ihr Sohn …«
»Ja, eben! MEIN Sohn! Und da hab ich ja wohl ein Wörtchen mitzureden! Da brauchen Sie nicht zu denken, Sie könnten hier die Bestimmerin sein! Das kommt überhaupt nicht in Frage! Das ist MEIN Sohn und da werden wir ja wohl mal sehen!«
Sie legte auf.

Da hatte ich nun endlich einmal einen einsichtigen Vater, der bereit war, über seinen Schatten zu springen und eine Rund-um-die-Uhr-Betreuung anzunehmen, um das Beste für seine Kinder zu tun, und dann stellten sich zwei Frau Dickmanns in den Weg. Beide mit wenig sinnvollen Argumenten, aber dafür umso entschlossener.
Es wurde eine lange Gerichtsverhandlung. Mit einigen Überraschungen.

Zunächst mussten alle Beteiligten eine halbe Stunde auf die Mutter der Kinder warten, die sich mit einem genuschelten »nzschönvielverkehr« entschuldigte.
Doch dann flogen die Türen vom Gerichtssaal auf, und in meinem Kopf ertönte das musikalische Thema von Darth Vader, gespielt auf quietschenden Windrädern. Frau Dickmann senior hatte beschlossen, höchstpersönlich der Verhandlung beizuwohnen. Die Mitarbeiterin des Jugendamtes und ich

führten hinter Frau Dickmanns Rücken pantomimisch so etwas wie die Apokalypse auf, aber da der Richter gar nicht von seinen Akten aufsah, verpasste er das Schauspiel und damit auch unsere Bedenken gegen eine Teilnahme von Frau Dickmann senior an der Verhandlung. So nickte er schließlich nur und diktierte den Zusatz ins Protokoll, dass die Mutter des Kindervaters ebenfalls der Verhandlung beiwohnen werde.
Sie setzte sich in Ermangelung eines Platzes neben ihrem Sohn auf den Stuhl neben mir und raunte mir zu: »So, jetzt werden wir ja mal sehen, Fräulein!«
Ich dachte zunächst, ich hätte mich verhört, sah dann aber das verkrampfte Gesicht der Mitarbeiterin des Jugendamtes, Frau Hellmann, die sich nur mit Mühe das Lachen verkniff.
Noch bevor der Richter beginnen konnte, ergriff Frau Dickmann senior das Wort. »Also eins sag ich Ihnen, Herr Richter, der Mischael, der kommt mir nicht in so eine Anstalt! Das können Sie mal schön vergessen! Der kann das alles ganz alleine! Der braucht keine Hilfe! Und verrückt ist der schon gar nicht! Das ist höchstens die Frau Seeberg hier! Da sollten Sie mal jemanden schauen lassen, ob die nicht vielleicht in eine Anstalt muss! Das beantrage ich hiermit!«
Der Richter, Herr Nauerz, war ein recht junger, aber glücklicherweise sehr gelassener Familienrichter, der sich nicht schnell aus der Fassung bringen ließ. Auch nicht von Mischaels Mutter. Nun war ihm aber anzusehen, dass er sich gerade dafür verfluchte, Frau Dickmann die Teilnahme an der Verhandlung erlaubt zu haben.
»Frau Dickmann, erlauben Sie, dass wir jetzt erst einmal diese Familiensache verhandeln, bevor Sie irgendwelche Anträge stellen, ja?«
An Herrn und Frau Dickmann und deren Anwälte gewandt, fragte der Richter, ob jemand berechtigte Zweifel an der

Kompetenz der Sachverständigen habe oder ob jemand einen Antrag auf Befangenheit oder Ähnliches stellen wolle. Dies wurde zunächst von allen verneint. Außer natürlich von Frau Dickmann senior. Und wie! Sie ließ sich abermals ausschweifend über mich aus und stachelte dadurch auch die Mutter der Kinder an, ihre Meinung über mich kundzutun. Sie sei ja ebenfalls der Meinung, dass die Frau Seeberg doch sehr seltsame Ideen habe, dass sie das mit der Anstalt auch voll nicht gut fände und vom Richter erwarte, dass er eine gerechte Lösung finden solle, nämlich die, dass die Kinder weder bei ihr noch beim Vater, sondern »irgendwo anders in einem Heim oder so was« wohnen sollten.
Herr Nauerz nickte langsam, eröffnete leise seufzend die Verhandlung und bat mich um eine kurze Zusammenfassung der Begutachtungsergebnisse.

Es folgte eine weitere Überraschung: Nach meinen Ausführungen bezüglich der Erziehungsfähigkeit der Mutter der Kinder erklärte diese nämlich, sie hätte sich ohnehin überlegt, dass sie die Kinder nicht mehr bei sich haben wolle. »Das ist mir alles zu stressig. Jetzt, wo die weg sind, geht's mir viel besser. Vielleicht suche ich mir ja auch eine Arbeit oder so was. Also, zu mir können die jedenfalls nicht mehr. Und zu dem da (sie zeigte auf Herrn Dickmann) können die auch nicht. Weil die ja auch nicht bei mir sind.« Daraufhin stand sie auf und verkündete: »Ich verlange Gerechtigkeit! Jawohl!«
Ihr Anwalt flüsterte ihr etwas zu, das wurde aber ignoriert.
»Ich fordere, dass meine Kinder in ein Heim oder eine Pflegefamilie oder sonst wohin kommen.«
Der Anwalt zupfte an ihrem Ärmel und schaute entschuldigend in die Runde, während die Mutter fortfuhr.

»Sie sind das Gericht, und Sie müssen gerecht sein. Also können die Kinder gar nicht zu dem da.«
Sprach es und verließ mit einem »Mehr habe ich nicht zu sagen« den Gerichtssaal.
Unter dem fassungslosen Blick des Gerichts stürzte nun auch noch Frau Dickmann senior mit einem »MOOOOOMENT-MALFROLLEIN!!« zur Tür und brüllte ihrer Schwiegertochter hinterher, dass sie eine versoffene Schlampe ohne Hirn sei, hier gar nichts zu sagen hätte und schon sehen würde, was sie davon hätte. Dann hielt sie kurz inne, schmetterte noch einige wüste Beschimpfungen in den mittlerweile leeren Flur des Gerichtsgebäudes, kam zurück und setzte sich wieder.
Richter Nauerz sah mich mit leerem Blick an, Frau Hellmann wühlte in ihrer Tasche und hatte ihre blonden langen Haare wie den Vorhang einer Umkleidekabine vor ihr Gesicht gehängt, während der Anwalt der Mutter vor sich hin starrte und Herr Kuben, mein Lieblingsanwalt und Vertreter des Vaters, schmunzelnd auf seinem iPhone herumtippte.

Mein Lieblingsanwalt war er, weil er sich stets sehr für seine Mandanten einsetzte, leidenschaftliche Schriftsätze verfasste, dabei aber immer an einer für die Kinder sinnvollen Lösung interessiert war und auch einiges dafür zu tun bereit war. Daneben hatte er einen herrlichen Sinn für Humor, der mich mehr als einmal um ein Haar dazu gebracht hätte, in einer Verhandlung laut zu lachen (wirklich nur um ein Haar – noch nie wirklich!).

Frau Dickmann ließ sich wieder neben mir auf den Stuhl plumpsen, und Herr Nauerz bat mich fortzufahren. Ich rückte unbewusst ein Stück von Frau Dickmann weg, als ich zu dem Teil kam, in dem es um ihren Sohn ging.

Gerade wollte ich beginnen, wohl wissend, dass mich Frau Dickmann senior nach jedem Halbsatz unterbrechen würde, doch dann kam mir die Idee, in der nun folgenden Einschätzung der Erziehungsfähigkeit des Herrn Dickmann so viele Fremdwörter und Fachtermini zu verwenden wie nur irgend möglich und die Sätze so kompliziert zu formulieren, dass ich Mühe hatte, mir selbst zu folgen. Natürlich hasse ich es, wenn Menschen sich in Anwesenheit fachfremder oder weniger gebildeter Personen so ausdrücken, dass sie kaum zu verstehen sind. Und ich tue das in mündlichen Verhandlungen selbstverständlich normalerweise nicht, denn ich möchte ja, dass mich alle verstehen. Außer an diesem Tag. Diesmal wollte ich ausschließlich vom Richter und den Anwälten verstanden werden. Dass Herr Dickmann mir nicht folgen konnte, nahm ich billigend in Kauf. Ich hatte mit ihm vor einigen Tagen ein ausführliches Abschlussgespräch gehabt und ihm alles genau erklärt. Er wusste also ohnehin schon, was ich sagen würde.

Als ich fertig war, mich gerade einigermaßen zufrieden zurücklehnte und mir für meinen gelungenen Plan innerlich auf die Schulter klopfte, stupste mich Frau Dickmann mit ihrem dicken Zeigefinger schmerzhaft an die Schulter.
Ich hatte sie mit meinem hochgestochenen Gerede nicht etwa ermüdet, wie ich angenommen hatte, sondern noch wütender gemacht.
»Sagen Sie mal, Sie haben doch nicht mehr alle Latten am Zaun!«
Vielleicht nicht, aber dafür ist mein Zaun plastikdeckchen- und gruselclownfrei, das sagte ich natürlich nicht laut.
Hätte ich auch gar nicht gekonnt, denn Frau Dickmann redete nun ohne Punkt und Komma. Davon, dass die Frau Sach-

verständige dringend, und zwar am besten heute noch, in eine Anstalt eingewiesen werden müsse, dass der »Mischael« alles alleine könne und sie als Mischaels Mutter schließlich bestimmen werde, wo ihr Sohn wohne.
Herr Kuben grinste mich an und schaffte es schließlich, Frau Dickmann mit erhobener Stimme und strengem Blick zu unterbrechen. »Sagen Sie, verehrte Frau Dickmann, könnten Sie vielleicht noch einmal genauer erläutern, aus welchen Gründen Sie meinen, die Frau Sachverständige sollte sich psychiatrisch behandeln lassen?«
Frau Hellmann verschwand umgehend wieder hinter ihrem Haarvorhang, ich verdrehte die Augen, und Richter Nauerz zischte ein »Herr Kuben, bitte!«.
Frau Dickmann war kurz aus dem Konzept gebracht.
»Was? Ach so ... Warum die in die Klapse ... Ja, da fragen Sie noch? Die denkt, der Mischael braucht Hilfe! Bei was denn bitte schön? Der kann das alles alleine!«
Ich sah, wie Frau Hellmann das »alleine« mitsprach und gleich darauf wieder mit unterdrücktem Kichern in ihrer Tasche kramte. Wenn sie gekonnt hätte, wäre sie vermutlich hineingekrochen, um in Ruhe lachen zu können.
»Die will meinen Sohn in eine Anstalt stecken! Ja, ich glaub, ich spinne! So was ist Freiheitsdings ... Entführung! Und Körperverletzung! Und Betrug!« Sie wandte sich zu mir um und kam so nah an mein Gesicht, dass ich die Haare auf ihrer Warze am Kinn erkennen konnte. »Sie gehören weggesperrt, wissen Sie das? Sie haben doch von nichts eine Ahnung. Wer Sie auf die Menschheit losgelassen hat, gehört ...«
Richter Nauerz reichte es. Er unterbrach Frau Dickmann und erklärte, dass sie nun bitte auch ihren Sohn und dessen Anwalt zu Wort kommen lassen solle.
»Jaaahaa, der Herr Anwalt, der ist ja auch ...«

»Frau Dickmann, ich ermahne Sie hiermit ausdrücklich. Sie tragen bitte nur noch etwas zur Verhandlung bei, wenn Sie gefragt werden.«
»Und über Sie werde ich mich auch beschweren! Sie Gerichtsheini!«
Frau Hellmann tauchte aus ihrer Tasche auf und sah den Richter interessiert an. Würde er Frau Dickmann nun des Saales verweisen?
Nein. Er hatte sich entschlossen, das Problem, also Frau Dickmann, einfach zu ignorieren.

Herr Nauerz führte die Verhandlung weiter und tat so, als sei Frau Dickmann gar nicht da. Und diese hielt sogar ihren Mund und beschränkte sich auf ein gelegentliches verächtliches Schnauben.
Herr Dickmann sagte insgesamt wenig bis gar nichts und ließ seinen Anwalt die Dinge regeln.
Als der Richter am Ende der Verhandlung in sein Diktiergerät sprach, dass Herr Dickmann mit seinen Kindern zum nächstmöglichen Zeitpunkt in die Einrichtung für Familien gehen würde, um mit Unterstützung der dortigen Fachkräfte zu einer hinreichenden Erziehungsfähigkeit zu gelangen, wurde Frau Dickmann tatsächlich noch einmal laut und beschimpfte den Richter, dass er mit mir unter einer Decke stecken würde – und das womöglich im wörtlichen Sinne, denn man wisse ja, wie so was laufe. Erst die Androhung einer Anzeige wegen übler Nachrede ließ sie innehalten. Herr Dickmann murmelte ein peinlich berührtes »Mama …!« vor sich hin.
Der Richter erklärte außerdem, dass sie umgehend den Saal zu verlassen habe, wenn sie auch nur ein Wort sagen würde. Frau Dickmann schnappte nach Luft, hielt aber den Mund.

Herr Nauerz sah ein wenig erschöpft aus. Aber wir hatten es geschafft, dass nun doch alles so laufen würde, wie ich es mit Herrn Dickmann besprochen hatte.
Wie erfreulich.

Die Sitzung wurde geschlossen.
Frau Dickmann stürmte sofort auf mich zu, schubste sogar ihren »Mischael« achtlos zur Seite und fuhr ihren wütenden Zeigefinger aus, als wollte sie mir damit das Augenlicht nehmen, da stellte sich Herr Kuben der dicken Frau einfach in den Weg.
Wie ritterlich.
Herr Kuben grinste mich an. »Ja? Finden Sie?«
Oh, ich hatte offensichtlich laut gedacht und versuchte erst einmal davon abzulenken.
»Na ja, irgendwie schon. Aber dass Sie nachfragen, wenn jemand meint, ich sollte in eine Anstalt eingeliefert werden …«
»Stimmt. Wozu nachfragen, wenn ich das nach den vielen Verhandlungen mit Ihnen ja auch selbst wissen sollte.«
Er lachte. Ich versuchte empört zu schauen. Es misslang. Also lachte ich mit.
»Auf Wiedersehen, Frau Seeberg. Es war mir wie immer ein Vergnügen. Ich hoffe, das nächste Mal sind wir nicht schon wieder einer Meinung. Das wird ja langsam öde. Ich streite mich doch so gern mit Ihnen.«
Er winkte dem Richter zu, rief: »Tschüss, Sie Gerichtsheini!«, und verließ pfeifend den Saal.
Herr Nauerz schaute kopfschüttelnd hinter ihm her, konnte sich aber ein Grinsen nicht verkneifen.

Ich hatte ein Vierteljahr später wegen eines anderen Falls in der Einrichtung zu tun, in der Herr Dickmann mit seinen Kindern untergebracht worden war.

Natürlich erkundigte ich mich bei der pädagogischen Fachkraft nach dem Verlauf der Maßnahme. Karin Weber, eine sehr große und korpulente Frau um die fünfzig, berichtete mit blitzenden Augen: »Der macht sich gut, der Herr Dickmann. Dem muss man zwar immer wieder sagen, er soll nicht so ein Waschlappen sein, aber der macht tolle Fortschritte. Wenn man ihn mit den Kindern sieht ... Herrlich! Das dauert zwar noch ein bisschen, bis der hier weg und in eine eigene Wohnung kann, aber ich glaub, der hat das auch nicht eilig. Das wird schon alles gut mit dem. Bloß seine Mutter ist ein bisschen ... Na, Sie wissen schon ...«
Ja, ich wusste. Und wie.

Zwei Stunden später, als ich meine Termine beendet hatte und am Parkplatz das Auto aufschloss, sah ich am Rand des Außenbereiches Frau Weber, die heftig mit jemandem diskutierte. Ich konnte nicht verstehen, was gesagt wurde, erkannte aber die andere Frau. Frau Dickmann senior. Die beiden standen sich gegenüber wie zwei Klischee-Proleten, die sich jeweils beim anderen erkundigen, was der denn guckt.
Sofort hatte ich den Impuls, Frau Weber ritterlich zur Seite zu eilen, ganz so wie es mein Lieblingsanwalt bei mir getan hatte. Doch in diesem Moment machte Frau Weber einen Schritt auf Frau Dickmann zu.
Und diese wich doch tatsächlich zurück!
Ich grinste und dachte mir: »Die Frau Weber, die kann das alles ganz prima alleine! Das war schon immer so! Die braucht keine Hilfe. Von niemandem!«

Lara

Als ich Lara und ihre zweijährige Schwester Celina das erste Mal traf, befanden sie sich seit vier Wochen in der Wohngruppe eines Kinderheims. Sie waren vom Jugendamt in Obhut genommen und dort untergebracht worden, nachdem die Zweijährige mit einem gebrochenen Arm ins Krankenhaus gekommen war und dort mehrere alte Rippenbrüche sowie Hämatome in verschiedenen Stadien aufgefallen waren. Der Vater, Herr Becker, hatte die Misshandlungen im polizeilichen Verhör gestanden, belastete in seinen Aussagen aber auch die Mutter, während diese erklärte, von nichts gewusst zu haben und die Verletzungen entweder nicht bemerkt oder für Verletzungen durch Treppenstürze gehalten zu haben.

Die Mutter hatte sich nach dessen Anschuldigungen vom Vater getrennt, und nun sollte ich beurteilen, ob und, falls ja, unter welchen Voraussetzungen Lara und Celina zur Mutter zurückkönnten.

Beide Kinder hatten sich in der Wohngruppe laut den Berichten der Erzieherinnen gut entwickelt. Ich hatte schon einen Termin mit der siebenjährigen Lara gehabt und war nun zum zweiten Mal dort. Lara war seit langem mal wieder ein Kind, das ich sofort ins Herz schloss. So etwas passiert mir glücklicherweise nur selten. »Glücklicherweise« deshalb, weil ich dann nicht wie sonst bei den Gerichtsgutachten automatisch emotionale Distanz halte, sondern teilweise viel dafür tun muss, gefühlsmäßig nicht zu sehr involviert zu sein und den notwendigen Abstand zu wahren. Das kostet zusätzlich Kraft und macht die Begutachtung für mich deutlich anstrengender. In solchen Fällen bin ich besonders froh und dankbar, dass ich zwei wirklich hervorragende Supervisionsgruppen habe, die mich dabei unterstützen, professionell zu bleiben. Dort kann ich einfach mal traurig und verzweifelt sein und ganz und gar unprofessionell darüber schimpfen, wenn ich in einem Fall nicht weiterweiß. Oft hilft es schon, den Fall zu schildern, um die nötige Klarheit zu gewinnen, hin und wieder sind aber eben auch die richtigen Fragen durch Kollegen oder der ein oder andere konstruktive Vorschlag zum weiteren Vorgehen nötig, um voranzukommen.

Nachdem ich mit Lara ein wenig gespielt und über ihren Alltag in der Wohngruppe gesprochen hatte, erzählte sie mir, dass sie ihrer Erzieherin beim Kochen habe helfen dürfen, und schilderte dann Folgendes: »Der Papa, der haut auch. Mit dem Kochlöffel. Das tut dann viel mehr weh als die Hand oder so.« Ich fragte nach, ob und, falls ja, womit er denn sonst noch hauen würde. »Der haut auch mal mit einem nassen Küchenhandtuch oder so was. Weißt du, so nicht so dicke Handtücher, sondern so für die Küche, so dünne. Aber die tun schon auch weh, wenn die nass sind. Das find ich doof.«
»Gibt es noch etwas, das du doof findest?«
»Ja, weil der … Manchmal, da klebt der mir den Mund mit Tesafilm zu, wenn ich zu laut war. Ich find das voll doof! Das sieht auch ganz eklig aus mit Tesa. So zerquetscht dann da an den Lippen, weißt du? Ich hab mit Papa so ’nen Film gesehen, wo der Frau auch der Mund zugeklebt worden ist, aber das war so schwarzes Tesa. So breites. Also nur ein Streifen. Und das sah auch nicht so doof aus. Die Frau sah trotzdem schön aus, weil die hatte so braune Augen und geschminkt und so.

Und so dunkle lange Haare. Nicht so Haare wie du, aber so Augen wie du. Ich hab ja andere Augen. Siehste? So blaue. Ist das auch schön?«
»Du hast wirklich sehr schöne Augen, Lara. Aber sag mal, die Frau in dem Film … Was war denn mit der?«
»Und dann war da bei der Frau da nur der schwarze Balken da am Mund. Die ist dann auch gehauen worden und so was … Aber wenn der Papa das bei mir gemacht hat, hat er nur so normales Tesa genommen. Das sieht dann voll behindert aus und gar nicht schön! Und nee, das … Ja, das … Ich find das so gemein, dass er mir den Mund zuklebt. Das ist doof. Und dass das so doof aussieht, das ist auch gemein. Ich hab dann aber auch immer Angst, weil einmal hab ich so doll geweint und dann hab ich gar keine Luft mehr gekriegt. Also, durch die Nase und nicht durch den Mund, da war ja das Tesa drauf. Der Papa hat das dann abgemacht. Das fand ich nett von dem. Weil sonst wär ich ja vielleicht erstickt. Das wär ja auch nicht schön gewesen.«
Lara berichtete noch von anderen Misshandlungen und davon, dass sie sich um ihre kleine Schwester gesorgt habe. Die habe manchmal so sehr geweint, aber sie habe ihr nicht helfen können, weil sie in ihrem Zimmer eingesperrt gewesen sei.
»Sag mal, Lara, als das alles passiert ist, wo war denn deine Mama? War sie zu Hause, im gleichen Raum oder woanders?«
»Die hat dem Papa ja dann meistens gesagt, er soll mit dem Scheiß aufhören, aber der hat dann immer nur gesagt, dass sie ruhig sein soll. Und dann hat die Mama nichts mehr gesagt und ist zu Astrid nach nebenan gegangen. Da war die Mama dann immer, wenn der Papa gesagt hat, sie soll ruhig sein und sich nicht einmischen und so.«
»Hat deine Mama auch manchmal geschimpft?«
»Ja, klar hat die auch geschimpft. Also nicht nur mit dem

Papa. Mit dem ja nicht so oft, weil der dann gesagt hat, sie soll bloß ruhig sein und so. Mit uns hat die geschimpft. Alle Eltern schimpfen mit Kindern. Das muss so sein.«
»Welches Schimpfen war denn schlimmer? Das von Papa oder das von Mama, oder waren die beide gleich?«
»Das von … ähm … von Papa. Die Mama hat dann nicht noch so doll gehauen, sondern nur mit der Hand so.« Sie zeigt einen Schlag auf ihren Oberarm. »Manchmal auch geboxt. So in die Seite, da am Bauch. Aber das hat nicht so doll weh getan. Also, nicht so, wie wenn der Papa so was gemacht hat. Und die Mama hat auch nicht so laut gebrüllt, wenn die geschimpft hat. Nur ins Zimmer geschubst hat die uns. Da ist die Celina mal schlimm hingefallen, und da hat dann der Papa auch noch geschimpft und so …«

Als wir mit dem Gespräch fertig waren, spielten wir noch eine Runde »Lotti Karotti«, was derzeit Laras Lieblingsspiel war und sie ganz wunderbar zum Lachen brachte, wenn einer meiner Hasen in einem Loch verschwand. Als ich sie vom Besprechungsraum nach unten in ihre Gruppe brachte, umarmte sie mich ganz fest, schaute zu mir hoch und flüsterte: »Kommst du wieder? Ja?«
Das sind Momente, die auch nach vielen Jahren Berufserfahrung nach wie vor dazu führen, dass ich mit einem dicken Kloß im Hals zum Auto gehe. Natürlich möchte ich wiederkommen. Und am allerliebsten, um einfach nur so oft mit Lara »Lotti Karotti« zu spielen, wie sie möchte. Damit sie ganz viel unbeschwerte Zeit genießen kann, die sich dann vielleicht irgendwann wie ein Pflaster auf ihre misshandelte Kinderseele legt. Damit sie weiß, dass sie es wert ist, dass man sich mit ihr beschäftigt. Damit sie spürt, dass ihre Eltern eine Ausnahme sind, dass deren Verhalten falsch und widerwärtig

war und nichts mit ihr zu tun hatte, sondern nur mit der kranken Psyche ihrer Eltern. Damit sie wieder daran glauben kann, dass das Leben schön ist.

Frau Becker hatte ihre Töchter in der Wohngruppe trotz angebotener Besuchskontakte (in Begleitung durch einen Mitarbeiter des Heimes selbstverständlich) nur einmal besucht. Der Mitarbeiter, der den Kontakt begleitet hatte, berichtete mir, dass die Mutter zwar in der ersten halben Stunde mit den Kindern gespielt, dann aber die Mädchen auf dem nahe gelegenen Spielplatz sich selbst überlassen habe. Sie habe dazu erklärt, dass man Kinder ja nicht »24 Stunden am Stück« beschäftigen, sondern sie auch »mal alleine spielen« lassen müsse.

In den Gesprächen mit mir blieb die Mutter bei ihrer Behauptung, nichts von den Misshandlungen durch den Vater gewusst zu haben. »Ich hab da nichts von mitbekommen. Und ich kann mir auch gar nicht vorstellen, dass der das wirklich gemacht hat. Keine Ahnung, wieso der das der Polizei gesagt hat. Ich glaub das jedenfalls nicht. Der war immer voll in Ordnung.«
Auf die Schilderungen ihrer Tochter angesprochen, erklärte sie, dass das »ja mal wieder typisch für die kleine Mistkröte« sei. »Lara will immer nur Ärger machen. Da kommt ihr das natürlich gerade recht. Und dann erzählt die so einen Scheiß von wegen, sie wäre gehauen worden und so. Das ist echt nicht zu fassen, was die sich da mal wieder geleistet hat. Ständig macht die Ärger! Also, echt!«

Zum Abschlussgespräch erschienen die Eltern gemeinsam, obwohl ich sie nacheinander bestellt hatte. Sie erklärten, sie würden gemeinsam dafür kämpfen, dass man ihnen ihre Kin-

der umgehend wieder aushändigen müsse. Herr Becker sagte tatsächlich »aushändigen«.
Auf meine Frage an die Mutter, seit wann sie denn wieder mit ihrem Mann zusammen sei, erklärte diese: »Na, schon seit zehn Jahren.« Es stellte sich heraus, dass sie sich nie von ihrem Mann getrennt hatte, sondern dies nur auf den Rat des Anwalts, den sie nach der Inobhutnahme ihrer Kinder und dem polizeilichen Verhör aufgesucht hatte, behauptet hatte. »Weil der meinte, das wär dann besser für mich. Dann würde ich die Kinder bekommen, und dann könnten wir einfach wieder zusammen wohnen. Geht die doch nix an, ob ich mich von meinem Mann trenne oder nicht. Das kann ich ja wohl machen, wie ich will. Das ist schließlich mein Leben. Und das sind auch meine Kinder. Der haut die Kinder jetzt auch nicht mehr so doll. Das hat er gesagt, und das glaub ich dem auch.« Herr Becker nickte bestätigend. »Das war halt Pech, dass die Kleine da im Krankenhaus war und so. Das hätte nicht passieren dürfen.«

Es klang sehr danach, als hätte sich das Ehepaar Becker schlicht und einfach vorgenommen, sich zukünftig nicht mehr erwischen zu lassen. Eine Einsicht in ihr Fehlverhalten gab es offenbar nicht.
Lara und ihre kleine Schwester wurden nach meinem Gutachten in eine Pflegefamilie vermittelt, wo sie sich weiter gut entwickelt haben. Kontakte zu ihren Eltern gibt es nicht.

Amnesie

»Ich bin ein politischer Flüchtling aus dem Irak und seit zwanzig Jahren in Deutschland. Ich wäre fast gestorben im Irak. Ich hatte viele Schussverletzungen.«

Mir gegenüber saß ein kleiner, untersetzter Mann mit grauem Haar und einer Kette mit einem überdimensionalen Kreuz um den Hals. Er lachte.

»Schlimme Schussverletzungen.« Er lachte erneut.

Es war trotz des freundlichen Sommertages dunkel in der winzigen Wohnung. Das lag am Kleiderschrank, der das Fenster fast vollständig verdeckte. Ein großes schwarzes Regal teilte das Zimmer in zwei Teile, so dass in den hinteren Teil keinerlei Tageslicht mehr gelangte. Eine funzelige Glühbirne war die einzige Lichtquelle.

Herr Ibrahim saß auf einem Holzstuhl, der irgendwie zu klein wirkte. Hinter ihm hing ein sehr buntes Madonnenbild, daneben ein Kruzifix. Auf der anderen Seite des Gemäldes war ein Poster an die Wand geheftet. Es zeigte eine nackte, vollbusige Blondine in eindeutiger Pose.

»Dann habe ich Frau Aheim kennengelernt. Sie war gleich schwanger mit Selma. Zwei Jahre später kam dann Marvin auf die Welt. Und dann ist sie verrückt geworden und hat sich von mir getrennt. Marvin war noch ein Baby, der arme Junge. So war das.«

Für Herrn Ibrahim schien damit alles gesagt zu sein. Ich bat ihn, mir genauer zu erklären, was er mit »verrückt geworden« meinte.

»Wie bitte?«

»Können Sie mir bitte erklären, was Sie damit meinen, wenn Sie sagen, die Mutter Ihrer Kinder sei verrückt geworden?«
»Woher wissen Sie das?«
»Woher ich was weiß?« Ich war verwirrt.
»Na, dass sie verrückt geworden ist. Der Richter hat so getan, als wüsste das gar niemand.«
Ich war mal wieder froh darüber, dass ich grundsätzlich alle Gespräche (mit Einverständnis der Beteiligten) aufnehme, um später noch einmal reinhören zu können. Herr Ibrahim hatte doch gesagt, dass seine Frau …
»Herr Ibrahim, Sie haben doch gerade gesagt, dass Ihre Frau verrückt geworden sei.«
»Hab ich das?« Er lachte.
»Ja, das haben Sie. Gerade eben.«
»Ja, das kann sein.«
Ich war tatsächlich etwas ratlos. Was war mit diesem Mann los? In der Akte hatte nichts Außergewöhnliches gestanden. Da waren zwei Kinder und ein Elternpaar, das sich um den Umgang und das Sorgerecht stritt. Eine Jugendamtsakte gab es zu dieser Familie nicht, und im Gerichtstermin war nur festgestellt worden, dass sich beide gegenseitig beschuldigten, den Kindern nicht gutzutun. Nichts Außergewöhnliches. Leider.
»Ich bin ein politischer Flüchtling aus dem Irak und seit zwanzig Jahren in Deutschland. Ich wäre fast gestorben im Irak. Ich hatte viele Schussverletzungen.«
Das hatte er doch gerade eben schon erzählt. Hatte er doch, oder?
»Herr Ibrahim, das sagten Sie bereits.«
»Ja? Und was habe ich noch gesagt?«
Er klang weder ironisch noch unverschämt, sondern tatsächlich interessiert.

Es war zu dunkel, um ihn genau betrachten zu können. Ich hatte aber so langsam den Verdacht, dass er irgendetwas genommen hatte oder vielleicht angetrunken war.
»Herr Ibrahim, wenn Sie nach so einer kurzen Zeit schon nicht mehr wissen, was Sie gesagt haben, sollten wir das Gespräch vermutlich verschieben. Wir vereinbaren einfach einen neuen Termin.«
»Nein, nein. Dann ist es ja auch nicht anders. Ich bin eben sehr vergesslich.«
»Das ist dann aber eine extreme Vergesslichkeit. Wissen Sie denn, wer ich bin und warum ich hier mit Ihnen rede?«
»Ja, sicher weiß ich das. Es geht ja um meine Kinder. Das vergesse ich doch nicht!« Herr Ibrahim schaute mich empört an und erhob sich. »Meine Kinder sind das Wichtigste in meinem Leben. Mein Ein und Alles! Die würde ich niemals vergessen. Sie sind mein Leben. Sie sind alles!« Wäre es räumlich möglich gewesen, wäre er zu seinen Worten wahrscheinlich theatralisch auf und ab gelaufen und hätte entsprechend große Gesten gemacht.
»Ich habe verstanden, Herr Ibrahim. Vielleicht sagen Sie mir einfach, was Sie noch wissen, und dann sehen wir weiter.«
Herr Ibrahim hatte offenbar in Bezug auf das rechtliche Verfahren keine Wissenslücken. Ich versuchte herauszufinden, auf was genau sich seine Vergesslichkeit bezog. Das konnte er aber selbst nicht erklären.
Er hatte sich wieder auf den Stuhl gesetzt, lehnte sich zurück und verschränkte die Arme hinter dem Kopf.
»Ich weiß oft nicht, wenn ich was gesagt habe. Oder Dinge über meine Vergangenheit. Da ist ganz viel weg. Ich weiß auch nicht, wo ich herkomme. Manchmal kommen Menschen auf mich zu und sagen, dass sie meine Freunde sind, aber ich kenne die gar nicht.«

»Herr Ibrahim, um die Begutachtung durchführen zu können, muss ich wissen, worüber Sie sprechen können und worüber nicht. Also, an welche Dinge können Sie sich sicher erinnern?«

»Das weiß ich nicht.«

»Seit wann leiden Sie unter dieser Gedächtnisschwäche?«

»Seit fünf Jahren. Davor war alles okay. Ich bin im Bad gestürzt und wäre fast gestorben. Seitdem bin ich so vergesslich.«

»Gibt es vielleicht doch irgendwelche sicheren Erinnerungen?«

»Meine Kinder. Ich vergesse meine Kinder nie! Sie sind mein Leben. Mein Alles. An meine Kinder denke ich immer. Wie könnte ich die vergessen? Was wäre ich für ein Vater, wenn ich meine Kinder vergessen würde? Ich denke jeden Tag an sie. Immer. Sie sind das Wichtigste in meinem Leben …«

»In Ordnung. Also, was Ihre Kinder betrifft, können Sie sich an alles erinnern?«

»Nein.«

»Nicht?«

»Nein. Ich leide unter Vergesslichkeit. Ich weiß ganz oft Dinge nicht.«

»Wie können wir uns über die Vergangenheit unterhalten?«

»Manche Sachen weiß ich. Manchmal. Aber ich habe die wichtigen Dinge aufgeschrieben.«

»Ah, ja, das ist eine gute Idee. Sie haben also Tagebuch geführt seit ihrem Unfall im Badezimmer.«

»Nein. Davor. Ich habe davor alles aufgeschrieben. Deshalb kann ich alles beweisen. Dass Frau Aheim verrückt geworden ist und so.« Er lachte.

»Und nach Ihrem Sturz haben Sie kein Tagebuch mehr geschrieben?«

»Nein. Das habe ich immer vergessen.«

Es stellte sich heraus, dass Herr Ibrahim mir zwar sämtliche Verfehlungen und Probleme der Mutter seiner Kinder schildern konnte, aber nichts zu seinem eigenen Verhalten zu sagen wusste. So hatte Frau Aheim in den dreieinhalb Jahren des Zusammenlebens laut seiner Tagebucheintragungen (an die er sich problemlos erinnern konnte, denn er brauchte kein Tagebuch zur Unterstützung seiner Erläuterungen) unter anderem mehrfach in betrunkenem Zustand das gesamte Geschirr an der Wand und auch an Herrn Ibrahim selbst zerdeppert, sich mindestens zweimal pro Woche mit anderen Männern getroffen (und mit diesen auch Sex gehabt, weshalb er nicht sicher sei, ob sein Sohn tatsächlich von ihm sei), ihn mehrmals pro Nacht geweckt, weil sie Stimmen gehört habe, den Kindern erzählt, dass sie Angst davor habe, dass sie ihnen irgendwann etwas antun werde, und sich abstruse Bestrafungsrituale ausgedacht für den Fall, dass ein Kind nicht auf sie höre.

Was er daraufhin getan habe, um seine Kinder zu schützen, wusste Herr Ibrahim nicht mehr.

»Ich kann mich ja an nichts erinnern … Aber ich weiß, dass ich alles für meine Kinder getan habe. Ich bin ein guter Vater. Meine Kinder sind alles für mich.«

»Aber haben Sie denn dazu nichts in Ihrem Tagebuch stehen?«

»Nein, da steht nur, was sie gemacht hat. Das habe ich alles ganz genau aufgeschrieben. Ich habe wohl gefühlt, dass ich das irgendwann einmal brauchen werde. Sie hat ihre Kinder nie geliebt. Nie. Immer war da nur Hass. Ganz viel Hass. Den Kleinen hätte sie nach der Geburt am liebsten im Krankenhaus gelassen. Ihre Familie und die Nachbarn haben auch immer gesagt, dass sie eine schlechte Mutter ist. Und ein schlechter Mensch. Niemand mochte die. Niemand. Die ist nach der Geburt von dem zweiten Kind komplett verrückt geworden und hat sich von mir getrennt. Aber vorher war die auch schon nicht ganz normal. Sie hat mich immer schlecht behandelt. Geschlagen hat sie mich, mit Sachen nach mir geworfen, mich auf den Balkon gesperrt und ständig betrogen … und dann hat sie dauernd Stimmen gehört und sich vollkommen verrückt benommen.«

Auf mich wirkte es, als hätte Frau Aheim laut Herrn Ibrahims Beschreibungen schon vor der Geburt des Sohnes deutliche Anzeichen einer psychischen Störung gezeigt. Offenbar bestand das »komplette Verrücktwerden« für ihn darin, dass sie sich von ihm getrennt hatte.

Es war erstaunlich, wie ausführlich und detailreich Herr Ibrahim über Frau Aheim sprechen konnte. Hier schien er keinerlei Erinnerungslücken zu haben.

»Und an all das können Sie sich erinnern?«

»An was?«

»An das, was Sie mir gerade über Ihre Frau erzählt haben.«

»Ach, das … Das habe ich alles aufgeschrieben. In mein Tagebuch.«

»Und an Aufgeschriebenes können Sie sich erinnern?«

»Weiß ich nicht.«

»In Ordnung. Herr Ibrahim, wie ist denn die aktuelle Situation? Haben Sie Kontakt zu Ihren Kindern?«

»Nein.«

»Wann haben Sie sie zum letzten Mal gesehen?«

»Das war vor vier Jahren. Im Sommer. Im Park.«

»Das heißt, bis vor vier Jahren hatten Sie regelmäßig Kontakt zu Ihren Kindern?«

»Nein.«

»Bis wann haben Sie sie denn regelmäßig gesehen?«

»Wen?«

»Ihre Kinder.«
»Was ist mit meinen Kindern?«
Das Gespräch wurde zunehmend absurder und wenig zielführend.
»Herr Ibrahim, wissen Sie, wer ich bin und warum ich hier bin?«
»Ja, natürlich. Warum fragen Sie mich das denn dauernd?« Herr Ibrahim sah mich irritiert an. »Sie sind da wegen meinen Kindern. Weil ich die wieder sehen will und die Mutter das verhindern will. Deswegen. Der Richter hat gesagt, Sie sollen schauen, was man tun kann.« Er beugte seinen Oberkörper mehrmals vor und zurück und lachte.
»Das stimmt so in etwa. Ich würde jetzt gerne mit Ihnen über Ihre Kinder und Ihren Kontakt zu ihnen sprechen.«
»Da ist alles toll. Meine Kinder lieben mich, und ich liebe meine Kinder. Wir haben einen sehr, sehr guten Kontakt. Das ist eine ganz große Liebe.«
»Haben Sie Ihre Kinder nach der Trennung von Ihrer Frau regelmäßig gesehen?«
»Nein.«
»Können Sie mir bitte beschreiben, wie der Kontakt aussah?«
»Nein.«
»Nicht?«
»Nein.«
»Können Sie sich nicht erinnern?«
»An was?«
Einatmen … Ausatmen …
Ein … aus …
Ein … aus …
»Herr Ibrahim, ich möchte gerne etwas über Ihr Verhältnis zu Ihren Kindern …«
Er unterbrach mich, riss die Arme nach oben, lachte und rief:

»Meine Kinder! Meine Kinder und ich! Meine Kinder und ich, wir sind eine Einheit aus LIEBE! Meine Kinder sind alles für mich! Und ich bin alles für sie! So ist das! LIEBE! Verstehen Sie? LIEBE!« Herr Ibrahim lehnte sich auf seinem Stuhl zurück und schloss die Augen.

Ich wartete.

Nach geschlagenen drei Minuten in vollkommener Stille überlegte ich, ob er eingeschlafen war.

Ich gebe zu, dass mich das Verhalten dieses Mannes zunehmend verunsicherte. Ich hatte keinerlei Vorinformationen zu ihm bekommen und wusste in dieser Situation nicht, was ich von ihm halten sollte. Litt er wirklich »nur« unter Amnesie oder vielleicht an etwas ganz anderem?

Litt er *überhaupt* unter Amnesie?

Und … Lebte er noch?

»Herr Ibrahim …?«

Er öffnete die Augen, schaute mich freundlich an und sagte »Halloooo …!«.

Himmel … Musste ich jetzt womöglich wieder ganz von vorne beginnen?

»Herr Ibrahim, wissen Sie, wer ich bin?«

»Ja, sicher! Jetzt hören Sie doch mal auf, mich das zu fragen! Was haben Sie denn für ein Problem?« Er funkelte mich böse an und verzog sein Gesicht zu einer Fratze, die wirklich furchterregend aussah. Ein paar Sekunden später lächelte er, wiegte den Kopf hin und her und säuselte: »Sie sind die Frau, die das Gericht geschickt hat. Erinnern Sie sich?« Er lachte und schloss die Augen wieder.

»Gut. Herr Ibrahim …?«

»Ja …?« Er öffnete die Augen.

»Könnten Sie mir sagen, wann Sie nach der Trennung von Ihrer Frau Kontakt zu Ihren Kindern hatten?«

»Ja.«
Herr Ibrahim sah mich an.
Ich wartete.
Nichts.
Meine Güte …
»Wann hatten Sie denn Kontakt zu Ihren Kindern?«
»Vor vier Jahren. Im Sommer. Im Park.«
»Ja, das war das letzte Mal, dass Sie Ihre Kinder gesehen haben. Das hatten Sie mir vorhin schon gesagt. Aber wie war das vorher? Haben Sie sie regelmäßig gesehen, gab es Kontakte über Nacht oder nur Treffen im Park?«
»Na, vor vier Jahren im Park. Das habe ich doch gesagt.«
»Ja, das war der eine Kontakt. Der, bei dem Sie Ihre Kinder das letzte Mal gesehen haben. Und wo haben Sie Ihre Kinder vorher getroffen?«
»Gar nicht.« Herr Ibrahim lachte. Nein. Er kicherte.
Normalerweise hätte ich mit Herrn Ibrahim über das immer wiederkehrende irritierende und unpassende Lachen oder Kichern gesprochen, aber ich hatte das Gefühl, dass damit dieses ohnehin schon recht bizarre Gespräch komplett richtungslos werden würde.
Ich ignorierte also Herrn Ibrahims absurdes Verhalten und fasste zusammen, was ich bisher verstanden hatte: »Verstehe ich Sie richtig? Die Trennung von Frau Aheim fand statt, kurz nachdem Ihr Sohn zur Welt gekommen war. Vor neun Jahren. Und seitdem haben Sie Ihre Kinder einmal im Park getroffen. Vor vier Jahren.«
»Genau.«
Herr Ibrahim beugte sich weit nach vorne und flüsterte verschwörerisch: »Das war der allerallerschönste Tag im Leben meiner Kinder! Aber das darf die Mutter nicht erfahren, sonst bringt die die Kinder um.«

Er lehnte sich wieder zurück, lachte und sagte: »Hallo, wie geht es Ihnen?«

Nach diesem Termin saß ich erst einmal ein paar Minuten im Auto und tat nichts. Ich schloss die Augen und versuchte, die vielen Eindrücke, die in meinem Kopf verwirrt hin und her huschten, zu einem sinnvollen Ganzen zusammenzufügen. Herr Ibrahim war mir so merkwürdig erschienen, dass ich es für sinnvoll hielt, ihn zunächst einmal psychiatrisch begutachten zu lassen. An seine Amnesie glaubte ich nicht so recht, aber die schien mir auch nicht das Hauptproblem zu sein.
Ich rief die zuständige Mitarbeiterin des Jugendamtes an. Frau Ehring war eine kompetente Frau, mit der ich seit vielen Jahren in unregelmäßigen Abständen immer wieder zu tun hatte. Ich arbeitete gern mit ihr zusammen, denn zu Kompetenz und Erfahrung kamen bei ihr Humor, Mut und Einfallsreichtum. All das sind Eigenschaften, die zwar nicht zwingend erforderlich sind, meiner Ansicht nach helfen sie aber sehr dabei, beim Jugendamt eine gute Arbeit machen zu können.

»Hallo, Frau Ehring, ich komme gerade von einem Termin mit Herrn Ibrahim. In der Familiensache Ibrahim/Aheim ...«
Ich wurde von einem fröhlichen Lachen unterbrochen.
»Na, da bin ich ja mal gespannt, was Sie dazu sagen!«
»Was ich dazu sage? Unprofessionell ausgedrückt würde ich sagen, dass Herr Ibrahim einen an der Waffel hat – und zwar gehörig. Als Sachverständige werde ich um eine psychiatrische Zusatzbegutachtung bitten. Er hat eine massive Störung, aber ich weiß nicht so genau, welche. An die Amnesie glaube ich nicht, aber das hätte ich eben auch gerne schriftlich.«
»Ich denke, da liegen Sie richtig. Ich glaube auch nicht an

seine angebliche Gedächtnisschwäche. Die tritt nämlich immer dann auf, wenn es ihm in den Kram passt. Er hat beim Gerichtstermin gleich losgelegt und der Mutter eine Menge schlimmer Dinge vorgeworfen. Als der Richter sie dazu befragt hat, hat sie alles abgestritten, konnte aber belegen, dass Herr Ibrahim in den ersten Jahren nach der Trennung keinen Kontakt zu den Kindern wollte. Sie hatte sich an das damals zuständige Jugendamt und eine Beratungsstelle gewandt, um zu erfahren, wie sie damit umgehen sollte. Also, was sie den Kindern sagen sollte. Ja, und dann sollte sich Herr Ibrahim dazu äußern und …«

»Und konnte sich an nichts erinnern.«

»Genau! Er hat keinen Unterhalt gezahlt und sie über zwei Jahre sogar gestalkt, so dass er sich der Mutter jetzt nicht mehr nähern darf. Aber davon wusste er natürlich nichts. Dem Richter war das dann zu blöd, und er hat gesagt, dass das ja alles im Gutachten geklärt werden kann. Ehrlich gesagt hätte ich nicht gedacht, dass der Vater das weiter durchzieht.«

»Hat er aber. Und wie! Gibt es eigentlich irgendwelche ärztlichen Atteste oder sonstige Unterlagen über den Vater?«

»Sie meinen eine Bescheinigung, dass er ein unverschämter Depp ist, dem seine Kinder eigentlich total egal sind? Nein, da haben wir leider nichts. Er hat auch nichts vorgelegt. Ich habe mitbekommen, dass sein Anwalt ihn später gefragt hat, ob er ein Attest oder so was hat. Hat er nicht. Er war wohl auch nie beim Arzt deswegen. Hat er wohl vergessen … Eine Meise hat er aber definitiv. Ich meine, er will seine Kinder nicht sehen, stalkt die Mutter, und jetzt nach neun Jahren rennt er zu Gericht und will Umgangskontakte und womöglich noch einen Sorgerechtsentzug der Mutter. Also, wenn das nicht komplett bekloppt ist, dann weiß ich auch nicht.«

»Ach, Frau Ehring, schreiben Sie doch mal einen Bericht, in dem das genauso drinsteht. Am liebsten wörtlich!«
»Ja, ja, das hätten Sie wohl gerne.« Sie lachte wieder.

Frau Ehring verwendete in ihrem Bericht zwar doch keine Worte wie »komplett« und »bekloppt«, schrieb aber inhaltlich letztendlich nichts anderes. Das psychiatrische Zusatzgutachten ergab das, was ich vermutet hatte: Eine Amnesie bestand nicht, dafür aber eine Persönlichkeitsstörung.
Herr Ibrahim war so erbost über Frau Ehrings Bericht und die Diagnose des Psychiaters, dass er erklärte, er wolle mit dem Gericht, dem Jugendamt und irgendwelchen Psychologen nichts mehr zu tun haben, seinen Antrag zurückzog und zu seinem Bruder an die Ostsee fuhr. Dort gefiel es ihm wohl so gut, dass er dauerhaft dort blieb. Vielleicht hatte er aber auch nur vergessen, dass er ursprünglich in einer anderen Stadt wohnte. So wie er sich auch an die Existenz seiner Kinder nicht mehr erinnern konnte …

Der Müll ist fort!

»Kaffee …?«

Ja! Sehr, sehr gerne! Ein Kaffee mit Milch und Zucker. Das wäre toll!

Trotzdem lehnte ich ab.

Der Kaffee roch wirklich gut, und zur Not hätte ich auch glatt auf Milch und Zucker verzichtet. Aber eben nicht auf eine halbwegs saubere Tasse.

Die Tassen, die auf dem Tisch mit der braun-grün gemusterten Lackfolie standen, waren alle irgendwie verschmiert, fleckig und wirkten klebrig. Diese Muster auf der Plastiktischdecke … Das waren doch Muster … Oder? Ich bemühte mich, wegzusehen und nicht hinzufassen.

Frau Peters war sehr unruhig, wedelte mit den Händen, verschüttete dann den Kaffee auf ihre Hose und huschte mit einem »Ojeojebingleichwiederda« aus der Küche.

Sie tat mir leid, denn natürlich war sie wegen meiner Anwesenheit so aufgeregt. Wie immer bemühte ich mich, alles so erträglich wie möglich zu gestalten. Ich kann aber die Tatsache nicht ändern, dass eine Begutachtung eine Begutachtung bleibt – und damit eben eher unangenehm.

So hibbelig wie Frau Peters allerdings war selten jemand. Sie wirkte regelrecht gehetzt – und das nicht nur aufgrund der Tatsache, dass sie eine Jacke anhatte, die mir laufend signalisierte, Frau Peters würde gleich das Haus verlassen. Während sie eine saubere Hose anzog, hatte ich Zeit, die Küche genauer zu betrachten und mich zu wundern. Dort war es zwar nicht sauber

und schon gar nicht gemütlich – es sei denn, man fühlt sich wohl zwischen Küchenregalen, von denen verblichene Homeshopping-Puppen herunterschmollen, neben einer klebrigen Tischdecke, umgeben von Wänden mit abgeblätterter, einst mutmaßlich weißer Wandfarbe. Aber es war eben auch nicht alles vollgestellt mit prallen Müllsäcken, Kartons, Kisten, dreckigem Geschirr und sonstigem Unrat, wie in der Akte beschrieben, die ich vom Gericht bekommen hatte. Auf den beigefügten Fotos hatte man gar nicht erkennen können, dass es sich bei dem Raum überhaupt um eine Küche gehandelt hatte, und auch die anderen Zimmer hatten kaum anders ausgesehen. Ein einziges, vollgemülltes Chaos, dessen modriger Geruch einem schon von den Fotos in die Nase zu steigen schien.
Jetzt sah man nichts mehr von alldem. Kein einziger Müllsack, keine Kartons voll Kram, keine Essensreste oder Geschirrstapel. Nicht dass es wirklich sauber wirkte, aber der Unterschied zu den Fotos war doch erfreulich gravierend. Die Kaffeetasse war zwar in einem Zustand, der selbst meine wahnsinnige Lust auf Kaffee dazu veranlasst hatte, wild kopfschüttelnd abzulehnen, aber der Gesamteindruck einer bewohnten Müllhalde war definitiv getilgt.
Umso seltsamer, dass mir trotzdem ein intensiver Geruch um die Nase wehte, den ich zunächst gar nicht einordnen konnte. Schließlich fand ich für mich eine Beschreibung. Es roch in diesem Haus, als hätte Frau Peters an der Tankstelle um die Ecke den kompletten Bestand an Duftbäumchen aufgekauft und in jedem Raum einen kleinen Wald davon auf den Schränken gepflanzt.

Als Frau Peters wiederkam, trug sie noch immer die gleiche Hose mit dem Kaffeefleck. Trotzdem war sie eine ganze Weile weg gewesen, und ich hatte schon überlegt, ob sie jetzt diverse neue Outfits vor dem Spiegel ausprobiert und wieder verworfen hatte. Offenbar hatte sie aber irgendwas anderes gemacht. Oder sich dann am Ende doch wieder für die Kaffeefleckhose entschieden. Wie auch immer. Nun war sie wieder da, und wir konnten mit der Begutachtung beginnen.

Das folgende Gespräch mit Frau Peters verlief unkompliziert. Sie zeigte sich einsichtig und erklärte, dass das »alles irgendwie wahrscheinlich nicht so gut für Karolin gewesen« sei. Dass sie sie nicht in den Kindergarten geschickt hatte und dass Karolin keine Freunde habe mit nach Hause bringen dürfen, als sie dann in der Schule endlich welche gefunden hatte – das sei wohl alles »nicht so ganz richtig gewesen«. Aber sie habe eben diese ganzen Sachen in der Wohnung stehen gehabt und so.

»Das war alles noch vom Umzug. Ich hab ja dann auch nicht immer Zeit. Ich muss ja alles alleine machen. Die ganzen Ämtergänge und einkaufen und alles. Da bin ich nicht dazu gekommen, das wegzuräumen. Ich wollte das eben erst fertig machen, bevor Karolin ihre Freundinnen einladen kann. Das soll doch dann auch schön sein für die. Und jetzt hab ich ja auch alles weggeräumt.«

Frau Peters hatte mit ihrer Tochter Karolin recht isoliert gelebt. Erst als das Mädchen in die Schule kam, fiel auf, dass sie nie einen Kindergarten besucht hatte. Das war für sich betrachtet nicht unbedingt problematisch, denn in Deutschland herrscht bislang keine Kindergartenpflicht, aber auch ansonsten hatte Karolin offenbar bislang so gut wie keinen Kontakt zu anderen Kindern gehabt. Eine engagierte Lehrerin nahm sich vor, Karolin zu unterstützen und ihr dabei zu helfen, Freundschaften zu schließen. Das gelang auch recht gut. Nachdem Karolin ihr dann aber eines Tages erzählte, dass sie

ihre neuen Freundinnen nicht zu sich einladen dürfe, entschloss sich die Lehrerin, nach der Schule mit Karolin nach Hause zu gehen, um mit Frau Peters zu sprechen und ihr zu erklären, dass es wichtig sei, dass das Mädchen auch in ihrem Zuhause mit anderen Kindern spielen könne.
Frau Peters ließ die Lehrerin nicht in die Wohnung. Sie konnte aber dennoch erkennen, dass zumindest der Eingangsbereich voller Müllsäcke stand – und sie konnte riechen, dass dieser Müll schon mehrere Tage, wenn nicht gar Wochen, dort stehen musste. Die Lehrerin informierte umgehend das Jugendamt, das am nächsten Tag einen Hausbesuch machte, oder sollte man sagen versuchte. Denn das gesamte Haus war vollgestopft mit besagten Tüten, Müllsäcken, Kartons und massenweise diversem Kram. Alles war derart zugestellt und voller Dreck, so dass es für ein Kind absolut nicht zumutbar war, dort weiterhin zu leben. Karolin wurde sofort in eine Bereitschaftspflegefamilie gebracht, und Frau Peters wurde auferlegt, innerhalb von einigen Tagen die Wohnung bewohnbar zu machen.

Tatsächlich war dies der Mutter nun auch gelungen, so dass Karolin wieder zu ihr zurückkehren durfte. Ich wurde dennoch beauftragt, um festzustellen, ob es Karolin bei ihrer Mutter auch tatsächlich gutgeht.
Beim Erstgespräch präsentierte mir Frau Peters also diese zwar nicht ganz saubere und eher lieblos eingerichtete, aber vollkommen müllsackfreie Wohnung, und ich war durchaus beeindruckt. Das Gespräch war beendet, Frau Peters stand auf und begleitete mich zur Tür. Grundsätzlich bestanden durchaus noch ein paar Fragen, aber alleine die sicherlich herkulische Aufgabe, das Haus von dem Unrat befreit zu haben, zeigte mir, dass Frau Peters gewillt war, sich über alle Maßen

anzustrengen. »So, dann bringe ich Sie mal zur Tür, Sie haben ja alles gesehen«, murmelte Frau Peters gerade, als sie vor mir durch den Flur tappte. »Alles haben Sie gesehen, ist ja auch alles weg jetzt. Nur den Keller, den wollen Sie ja wohl nicht sehen. Ist halt ein Keller. Warum sollen Sie sich den Keller anschauen, haha, also dann.«

Sie streckte mir dir Hand hin, und ich nahm sie nicht an. Stattdessen musterte ich Frau Peters. Ich sah, dass sie schwitzte. Und in mir keimte plötzlich dieses ungute Gefühl, das Haus nicht verlassen zu wollen, ohne den Keller gesehen zu haben.

Ich musste mehrmals nachfragen, aber auf mein Beharren hin öffnete Frau Peters schließlich die schwere Metalltür zum Keller des kleinen Hauses. Ich tastete einen Moment lang nach einem Lichtschalter, fand aber keinen.

»Frau Peters, wo ist denn der Schalter für das Licht?«

»Bitte?«

»Das Licht. Wo macht man das Licht an?«

»Ach das Licht ... Ja, das ... Das ist. Dings. Kaputt. Leider.«

Frau Peters machte einen lahmen Versuch, die Tür vor mir wieder zu schließen, doch da fanden meine Finger einen kleinen Kippschalter, und eine Glühbirne am Ende der Treppe warf ein funzeliges Licht in den Kellerraum.

Vier Männer und zwei Frauen blickten mich mit einer Mischung aus Schreck und Verwunderung an. Ihre Haltung war geduckt, da sie sonst mit dem Kopf an die Decke gestoßen wären. Dies war nur zum Teil der niedrigen Kellerdecke zu verdanken. Zum anderen saßen sie auf unzähligen, prall gefüllten Müllsäcken und anderen Objekten, die man vollstopfen konnte mit Krimskrams, Unrat und Sammlerpüppchen.

Diese Personen waren die Freunde von Frau Peters, und sie

hatten tatsächlich extra für meinen Besuch den gesamten Müll aus der Wohnung in den Keller geräumt und es sich auf selbigem so gut es ging bequem gemacht, bis ich endlich verschwunden war. Es stellte sich schnell heraus, dass der Plan gewesen war, alles danach wieder in der Wohnung zu verteilen, und zwar möglichst genau so, wie es vorher gewesen war.

Fast hatte ich erwartet, dass sich jeden Moment eine weitere Person aus einem der Müllsäcke schälen und jovial grinsend »Willkommen bei der versteckten Kamera!« rufen würde. Nichts dergleichen passierte, und es ist auch bis heute nicht passiert, obwohl ich in all den Jahren immer und immer wieder fest damit rechnete, gleich vor laufender Kamera so tun zu müssen, als würde ich jede Menge Spaß verstehen.

Bei Frau Peters verstand ich keinen Spaß, und Frau Peters selbst war ebenso wenig zum Lachen zumute wie ihren erstaunlich hilfsbereiten und scheinbar zu allem entschlossenen Freunden, die dort unten in dem Keller über eineinhalb Stunden ausgeharrt hatten. Ein Teil von mir musste unweigerlich an die kleine Karolin denken, die bislang keine Chance gehabt hatte, irgendwelche Freunde zu finden. Entsprechend fiel meine Begutachtung aus, und erfreulicherweise fand sich für Karolin ein Platz in einem sehr gut geführten Heim, wo sie auch regelmäßig Kontakt zu ihrer Mutter hatte. Allerdings ohne Besuche im Haus von Frau Peters.

Sie versteht das schon!

Nicole Semmler war das älteste von vier Kindern und – wie mir ihre Mutter später berichtete – immer das »Sorgenkind« gewesen. Sie hatte die Hauptschule ohne Abschluss verlassen, danach nur noch mit deutlich älteren Jungs »am Bahnhof rumgehangen«. Von einem dieser Jungs (es war wohl nicht ganz klar, von welchem denn nun eigentlich) wurde sie schwanger und bemerkte dies erst, als sie schon im sechsten Monat war. Nicole Semmler war gerade achtzehn, als ihr erstes Kind, Serafina, geboren wurde.
Nach der Geburt hatte sie sich nicht um die Kleine gekümmert, sondern sie ihrer Mutter überlassen. Sie selbst ging für einige Monate in den Osten, um dort mit einem Typen zusammenzuleben, der sie dann aber nach einer Weile wegen einer anderen Frau hinauswarf. Wieder zurück in ihrer Heimatstadt, wohnte Frau Semmler zunächst wieder in ihrem Elternhaus, wollte aber so schnell wie möglich mit Serafina in eine eigene Wohnung ziehen. Schon alleine aufgrund der langen Trennung hatte sie aber keine Beziehung zu ihrem Kind und war aus Sicht ihrer Mutter nicht in der Lage, sich um Serafina zu kümmern.

Da die Oma ihre Tochter aus Sorge um Serafina auf keinen Fall alleine mit ihrer Enkelin lassen wollte, Frau Semmler aber darauf bestand, dass Serafina ja schließlich *ihre* Tochter sei (ich sehe sie vor mir, wie sie mit verschränkten Armen dastand, mit dem Fuß aufstampfte und sagte: »Das ist aber MEINE Puppe!«) und sie jetzt mit ihr zusammen in einer eigenen

Wohnung leben wolle, wandte sich die Oma an das zuständige Jugendamt und bat um Hilfe.
Die Mitarbeiterin des Jugendamtes machte einen Hausbesuch und stellte dabei fest, dass die Bedenken der Oma durchaus gerechtfertigt waren. Frau Semmler hatte keine Idee, was ihre Tochter aß, wann sie schlafen sollte und wie man ein Kind wickelt. Sie war weder bereit dazu, nachts oder morgens früh aufzustehen, noch konnte sie für eine altersgemäße Beschäftigung des Kindes sorgen. Auf die Frage der Jugendamtsmitarbeiterin, was sie so mit ihrem Kind mache (Serafina war damals sechs Monate alt), hatte Frau Semmler angegeben, mit ihrer Tochter Musik zu hören, Zeitschriften zu lesen und sich »zum Ausgehen fertig zu machen«.
Da Frau Semmler sich nicht davon abbringen ließ, so schnell wie möglich mit ihrer Tochter aus dem elterlichen Haushalt ausziehen zu wollen, machte das Jugendamt eine Meldung an das Familiengericht wegen drohender Kindeswohlgefährdung und beantragte den Entzug der elterlichen Sorge. Die Oma ihrerseits stellte einen Antrag auf Übertragung der elterlichen Sorge auf sich selbst.

Serafina lebte also bei ihrer Oma. Diese (gerade mal Ende vierzig) war zwar ein wenig einfach gestrickt, verhielt sich den Kindern im Haushalt gegenüber aber sehr herzlich und liebevoll. Ich hatte Serafina dort besucht und mit der Oma, später im Rahmen eines Besuchskontaktes auch mit Frau Semmler, in Interaktion erlebt. Serafina wirkte auf mich wie ein ganz normales anderthalbjähriges Kind, für das die Oma aufgrund der Familienverhältnisse die Hauptbezugsperson darstellte. Sie war gut eingebunden in die Familie der Großeltern, mochte den Opa und auch die minderjährigen Geschwister von Frau Semmler, die ebenfalls dort lebten.

Frau Semmler war zum Zeitpunkt der Begutachtung zwanzig Jahre alt und zum zweiten Mal schwanger. Ihr Äußeres wirkte ein bisschen schmuddelig – fettige Haare, fleckige Kleidung und abgeplatzter Nagellack –, sie war aber sehr hübsch. Sie hatte große blaue Kulleraugen, eine Stupsnase und einen schön geschwungenen Mund. Mit gewaschenen Haaren und sauberer Kleidung wäre sie durchaus attraktiv gewesen. Sie lief in diesem typischen Schwangerenwatschelgang, obwohl sie erst im sechsten Monat war. Im Gegensatz zu den meisten Leuten, die ich begutachte, schien sie offenbar erfreut, mich zu sehen. Ich nehme an, sie ging davon aus, dass sie nur einmal mit mir reden müsse und ich dann schon dafür sorgen würde, dass ihre Tochter wieder zu ihr zurückkäme.
Frau Semmler erzählte mir, dass sie nach wie vor mit Serafina in einer eigenen Wohnung leben wolle und fest vorhabe, dies auch so schnell wie möglich zu tun. Wenn ich sie reden ließ, sprach sie stundenlang davon, wie sehr sie ihr Kind vermisse – und natürlich auch umgekehrt. Serafina sei der Sinn ihres Lebens, sie würden einander unendlich lieben, nicht ohne einander leben können und, und, und …
Auf die Frage, warum sie ihre Tochter denn dann nicht, wie vereinbart, alle vierzehn Tage am Wochenende besuche, erklärte Frau Semmler zunächst, dass sie nicht genug Geld für die Fahrkarte habe. Später sagte sie, dass sie keine Zeit habe, da sie ja ihre Wohnung in Ordnung bringen müsse – das habe zumindest das Jugendamt gesagt.
Ja, da musste ich ihr beziehungsweise dem Jugendamt zustimmen. Denn die Wohnung, in der sie mit ihrem derzeitigen Freund und Vater des ungeborenen Kindes wohnte, war nicht auf Anhieb als solche zu erkennen. Sie befand sich zwar in einem Haus, das eine Tür hatte – ich glaube, man konnte sie sogar schließen, bin mir aber nicht ganz sicher – sowie ein

Treppenhaus, somit also die Möglichkeit, nach oben und auch wieder nach unten zu gelangen. Ob das Ganze aber auch dann noch stehen würde, wenn ein Lkw mit Vollgas daran vorbeidonnerte, weiß ich nicht. Um ehrlich zu sein, ich bezweifle es sehr.

Die eigentliche »Wohnung« bestand aus einem Flur und diversen Räumen. Im ersten, den Frau Semmler mir zeigte, ragten lauter Rohre aus der Wand, und nur eine Ecke war ansatzweise gefliest. Ansonsten war der Raum leer. »Das ist das Bad. Da muss noch ein bisschen was gemacht werden.« Ah …

Das nächste Zimmer war gänzlich ohne Bodenbelag, verfügte dafür aber über eine Art Schrank. »Die Küche. Da kommt dann noch was rein. Also, Küchenzeug und so«, erklärte Frau Semmler.

Zum Schluss führte sie mich ins »Wohn-Schlaf-Zimmer«: Diesen Raum hatten sie sich ganz gemütlich eingerichtet, mit einem großen Handtuch auf dem Estrich. Ich nehme an, es sollte einen Teppich simulieren, vielleicht lag es aber auch aus anderen Gründen da. Ich habe es versäumt nachzufragen. Außerdem befanden sich in dem Zimmer ein riesiges Sofa – braun, hoffentlich auch in seiner Ursprungsfarbe – und ein Tisch, der komplett voll war mit Tabakbeuteln, überquellenden Aschenbechern und Gläsern. Ich nehme an, wenn man alle Reste zusammengekippt hätte, wäre höchstwahrscheinlich ein pangalaktischer Donnergurgler herausgekommen – zumindest roch es so. Den Alkohol hatte aber natürlich nur der künftige Kindesvater mit seinen Freunden getrunken. Sie selbst trinke ja seit der erneuten Schwangerschaft »so gut wie gar keinen Alkohol mehr«.

Frau Semmler erzählte, dass das Jugendamt einen Hausbesuch gemacht und erklärt habe, wenn die Wohnung »fertig« sei, könne ihre Tochter zu ihr zurückkommen. Ich bezweifelte stark, dass die Mitarbeiter des Jugendamtes das so formuliert hatten …

Frau Semmler schilderte nun umfangreich, weshalb die Wohnung fünf Monate nach dem Einzug noch immer weit davon entfernt war, bewohnbar zu sein. Da war das böse Sozialamt, das aus irgendwelchen Gründen nie geöffnet hatte, wenn sie dorthin kam, weshalb sie nicht die Gelder habe beantragen können, die ihr zustanden. Der gemeine Vermieter, der erst behauptet hatte, er werde sich um die Renovierung der Wohnung kümmern, und sich dann nicht mehr habe daran erinnern können. Die hinterhältige Chefin, die sich ausgerechnet jetzt dazu entschlossen hatte, ihrem Freund fristlos zu kündigen. Ja, und dann natürlich noch das Wetter, die Verkehrssituation, die Einführung des Euro, die ihr Geld halbiert hatte …

Als ich Frau Semmler darauf hinwies, dass der Umgang zwischen ihr und ihrer Tochter ebenso wichtig sei und ich noch immer keinen triftigen Grund dafür erkennen könne, aus dem sie seit Wochen keinen Umgangskontakt wahrgenommen hatte, erklärte sie, ihre Tochter habe dafür Verständnis, dass sie sie derzeit nicht besuchen käme. Sie habe mit ihr darüber gesprochen, dass sie sich nun bemühe, ihre Wohnung »fertig zu machen«, damit sie »ganz bald« wieder zusammen sein könnten. Serafina habe erklärt, dass dies in Ordnung sei, wenn sie doch nur bald wieder bei ihr, der Mutter, leben könne. Wie gesagt: Serafina war anderthalb Jahre alt. Sie war nicht entwicklungsverzögert, aber eben anderhalb, und sie sprach auch so.

Frau Semmler setzte erneut zu ausführlichen Schilderungen an, wie sehr sie ihre Tochter doch liebe und ihre Tochter sie und dass sie beide nur darauf warten würden, endlich wieder vereint zu sein. Das waren wirklich ihre Worte: »vereint zu sein«. Himmel …!

In Frau Semmlers Welt stellte sich die Situation folgendermaßen dar: Sie hatte sich in den ersten Lebensmonaten ihrer Tochter intensiv um das Kind gekümmert. Das war der Oma und dem Jugendamt wohl irgendwie entgangen. Und weil sich Kinder auch nach mehreren Monaten noch ganz genau an die ersten Wochen nach der Geburt erinnern können – da ist mir offenbar etwas während meines Studiums entgangen –, wusste Serafina selbstverständlich noch, was für eine »tolle Zeit« sie mit ihrer Mutter gehabt hatte. Und deshalb wartete sie nun darauf, endlich wieder bei ihr zu sein. Außerdem war es ja ohnehin so, dass Frau Semmler als Mutter die wichtigste Person für ihre Tochter sei, ungeachtet dessen, dass Serafina seit ihrer Geburt bei ihrer Oma lebte und von dieser betreut und versorgt wurde.

Auf die Überzeugung, dass man schon allein aufgrund der biologischen Verwandtschaft die wichtigste Person für sein Kind ist, treffe ich immer wieder. Ich muss gestehen, dass es mich nach wie vor jedes Mal entsetzt, wenn mir wieder jemand versucht zu erklären, dass er ja alleine durch die biologische Verwandtschaft eine hervorragende Beziehung zu seinem Kind habe. Man muss also nur die leibliche Mutter oder der leibliche Vater sein, und schon braucht man sich weder gut um sein Kind zu kümmern oder feinfühlig auf es einzugehen, um die Hauptbezugsperson zu sein. In Wirklichkeit handelt es sich dabei um ein totales Unverständnis gegenüber der kindlichen Entwicklung und den Bedürfnissen eines Kindes!

Aber in diesem Fall war das alles noch gar nichts im Vergleich zu den anderen lustigen Ideen, die Frau Semmler bezüglich ihrer Tochter und deren Entwicklung und Fähigkeiten hatte. Natürlich war Serafina hochintelligent und »viel weiter als andere Kinder in dem Alter«. Das war an sich noch nichts

Besonderes, denn das sind ja laut der Eltern, die ich begutachtete, fast alle Kinder …
Die Reife ihrer Tochter äußerte sich laut Frau Semmler allerdings darin, dass Serafina mit ihren anderthalb Jahren schon ganz hervorragend sprechen konnte. Sie sagte zu ihrer Mutter Sätze wie: »Liebe Mama, bitte geh nicht. Oder nimm mich wieder mit. Wann kann ich denn endlich wieder bei dir wohnen? Ich warte da schon so lange darauf.«
Dass *ich* Sätze wie diese nicht zu hören bekam, lag übrigens daran, dass das Kind nur mit seiner geliebten Mama so sprach. Das war Frau Semmler selbst natürlich auch schon aufgefallen, und so hatte sie ihre Tochter dazu befragt: »Da hab ich sie gefragt: ›Warum sprichst du denn nicht mit anderen so, wie du mit mir redest?‹ Da sagt sie: ›Du bist meine Mama. Nur mit dir kann ich so reden!‹ Klar, oder? Deswegen weiß eben nur ich, wie gut die sprechen kann. Das macht sie nur, wenn sie mit mir alleine ist. Dann spricht die perfekte Sätze, so wie ich auch. Die will ja auch ständig mit mir schmusen und so. Weil ich halt ihre Mutter bin und so.«
Verständlich, dass Frau Semmler genervt war von meinen ewigen Fragen, wie sie sich denn konkret einen Alltag mit ihrer Tochter und dem Baby, das in wenigen Wochen zur Welt kommen sollte, vorstelle. Mit einem Wunderkind wie Serafina war das nämlich alles ganz leicht. Nicht so wie mit »normalen« Kindern! Nein, Serafina hatte für alles und jeden Verständnis und durchblickte natürlich auch die undurchsichtigen Familienverhältnisse, in denen sie lebte.
Herr Börner, der Vater des Ungeborenen, den Serafina bislang erst dreimal gesehen hatte, war für sie natürlich längst wie ein Vater: »Er ist ja der Vater von dem Baby in deinem Bauch. Also ist er jetzt genauso mein Vater. Ich finde das schön, dass wir dann alle eine Familie sind«, habe die Kleine ihrer Mutter erklärt.

Erfreulicherweise, so Frau Semmler, würde auch das zweite Kind ein ganz besonders kluges Exemplar werden, was bereits an seinem pränatalen Verhalten erkennbar war. Das Baby und Serafina verstünden sich nämlich schon jetzt ganz ausgezeichnet und hätten eine gute Beziehung zueinander. Dies merkte Frau Semmler daran, dass das Baby ganz ruhig werde, wenn Serafina in der Nähe sei, und sich immer »ganz doll« freue, wenn die große Schwester zu ihm komme.
»Wenn die Kleine dann den Kopf auf meinen Bauch legt, dann tritt der nicht wie bei anderen. Dann streichelt der die. Das ist doch super, wie gut die beiden sich jetzt schon verstehen.«
Serafina werde deshalb ganz sicher nicht eifersüchtig auf das Baby sein. Außerdem hatte sich Frau Semmler überlegt, dass sie sich einfach »immer um beide gleichzeitig« kümmern werde.
All das klingt doch ganz wunderbar, oder?
Wie schön auch, dass Frau Semmler nie unter Schlafmangel leiden würde, weil das Baby nämlich nachts durchschlafen wird. Woher Frau Semmler das wusste? Na, weil es doch jetzt auch schon durchschlief. Woher sie das wiederum wusste? Weil … das spürte sie eben …

Serafina blieb auch nach der Begutachtung bei der Oma. Ein regelmäßiger Kontakt zur Mutter wurde zwar vereinbart, von Frau Semmler aber nicht eingehalten.
Zum ungeborenen Kind befragt, regte ich an, dass Frau Semmler gemeinsam mit ihrem Lebensgefährten in eine Eltern-Kind-Einrichtung gehen sollten, wo die Eltern die notwendigen Hilfen bekämen und gleichzeitig kontrolliert würde, ob und wie sie mit dem Neugeborenen zurechtkämen.
Der Lebensgefährte weigerte sich jedoch, dieses Angebot anzunehmen. Es stellte sich später heraus, dass er davon lebte,

bevorzugt vor Banken und an EC-Automaten herumzulungern, um dann alten Damen die Handtaschen zu entreißen und wegzurennen. Frau Semmler stimmte zwar zunächst zu, überlegte es sich dann im Krankenhaus, kurz vor der Geburt ihres Sohnes, aber anders und erklärte, sie sehe nicht ein, in eine solche Einrichtung zu gehen. Sie benötige ohnehin keinerlei Hilfen.
Nach der Geburt kümmerten sich Frau Semmler und ihr Lebensgefährte kaum um ihren Sohn, sondern verließen ständig das Krankenhaus ohne ihn, kamen zu den vereinbarten Zeiten nicht wieder zurück, um ihren Sohn zu versorgen, und stritten sich lautstark und mit Handgreiflichkeiten im Beisein des Neugeborenen. Bei den wenigen Gelegenheiten des Fütterns und Wickelns machten sie mehr falsch als richtig und ließen sich von den Schwestern und Ärzten nicht helfen.
Frau Semmler stellte schließlich selbst fest, dass »das irgendwie doch nicht so das Wahre ist« mit ihrem Sohn.
Sie verließ das Krankenhaus ohne ihn und kündigte an, sich »in den nächsten Tagen mal zu melden«. Was sie aber nicht tat.
Also nahm das Jugendamt den kleinen Jungen in Obhut und vermittelte ihn in eine Dauerpflegefamilie. Auch zu diesem Kind hielt Frau Semmler den Kontakt nicht aufrecht und nahm auch keine weiter gehenden Hilfen wie Therapie, Betreuung oder Beratung in Anspruch.
Sie trennte sich von ihrem Lebensgefährten, nachdem dieser bei einem gemeinschaftlichen Raubüberfall mit seinen Kumpels aus der Eckkneipe verhaftet und inhaftiert wurde. Sie hatte ihn noch einmal im Gefängnis besucht, war dort aber auf seine hochschwangere Zweitfreundin getroffen und hatte eine Beziehung mit dem Bruder dieser Freundin begonnen, bis dieser ebenfalls ins Gefängnis musste.

Für beide Kinder ging das Ganze vergleichsweise gut aus: Serafina und ihr Bruder leben in Familien, in denen sie stabile Beziehungen haben. Es wird dafür gesorgt, dass die Geschwister Kontakt zueinander haben.
Leider weiß ich nicht, was aus Frau Semmler wurde. Ich befürchte, dass sich nicht viel in ihrem Leben geändert hat, hoffe aber, dass sie vielleicht eines Tages doch gemeinsam mit dem richtigen Partner etwas mehr Ruhe und Stabilität in ihr eigenes Leben gebracht hat.

Und täglich grüßt der Weihnachtsmann

Heute war Weihnachten.
Jawohl. Im März. Weihnachten.
Warum auch nicht? Oder anders gefragt: Warum zum Teufel?

Ich hatte eine Großmutter, Frau Reinhardt, zu begutachten. Sie hatte das Sorgerecht für ihre fünfjährige Enkeltochter beantragt. Die Mutter des Mädchens, Frau Reinhardts Tochter, war seit Jahren immer wieder monatelang in psychiatrischer Behandlung, und der Vater des Mädchens traute sich die alleinige Betreuung nicht so recht zu. So war die kleine Anna-Lena zunächst einmal bei einer Bereitschaftspflegefamilie untergebracht worden.

Ich hatte die Großmutter dort schon in der Interaktion mit ihrem Enkelkind erlebt und war der Meinung, dass Anna-Lena nur dann bei ihrer Großmutter würde leben können, wenn diese bereit wäre, viel Hilfe anzunehmen – und Ratschläge auch umzusetzen. Ich hatte nicht besonders viel Hoffnung, dass das möglich sein würde.

In der Interaktionsbeobachtung hatte sie Anna-Lena erklärt, dass es »was ganz, ganz Schlimmes« sei, reich zu sein.

Nun kann man ja zu Reichtum seine eigene Meinung haben, die Begründung der Großmutter war allerdings recht erstaunlich: »Wenn man viel Geld hat, Anna-Lena, dann muss man immer Angst haben, dass man umgebracht wird. Immer. Tag und Nacht. Nachts ganz besonders. Weil da nämlich die Leute kommen, die einen umbringen wollen.«

Ich war sprachlos.
»Weißte, Anna-Lena, Geld verdienen ist nicht gut. Die Leute, die Geld verdienen, die sind ganz unglücklich und haben immer Angst, weil sie ja nie wissen, ob nicht bald so einer kommt, der dann …«
Ich unterbrach Frau Reinhardt mit einer zugegebenermaßen nicht besonders klugen Frage nach dem Datum des nächsten gemeinsamen Termins. Sie schaute mich ein wenig irritiert an, während sie antwortete, aber immerhin hörte sie auf, Anna-Lena von Leuten zu erzählen, die nachts kommen, um Menschen zu töten, die Geld verdienen.
Frau Reinhardt gestaltete den Kontakt zu ihrem Enkelkind, indem sie Anna-Lena malen ließ und dabei vor sich hin redete. Ihre übrigen Themen waren weniger morbide, aber dennoch nicht so wirklich geeignet für einen Sonntagnachmittag mit einer Fünfjährigen.
Frau Reinhardt ließ sich zum Beispiel ausführlich darüber aus, dass der Werner (es schien sich um ihren Nachbarn, wahlweise ihren Friseur, zu handeln) Hämorrhoiden habe, was sicher daran liege, dass er zu viel rauche. Ich war ganz erstaunt, dass der Grund für Werners Hämorrhoiden nicht an einem regelmäßigen Einkommen lag, da war Frau Reinhardt schon beim nächsten Thema. Sie erläuterte der vor sich hin malenden Anna-Lena, dass das Wetter auch immer schlechter werde und in ein paar Jahren gar keine Sonne mehr scheinen könne. Schuld daran seien »die da oben«, die immer nur an den eigenen Vorteil denken würden und überhaupt generell nur saudumme Ideen hätten. Und viel zu viel verdienen würden.
Anna-Lena malte mittlerweile das zweite Haus mit Garten und Sonne rechts oben mit Grinsegesicht. Vielleicht hörte sie ihrer Oma ja gar nicht zu. Ich hoffte es.

Da Frau Reinhardt nun unbedingt ihr Enkelkind bei sich im Haushalt haben wollte und ich noch ein Gespräch mit ihr führen musste, machte ich einen Hausbesuch.
Ja, und da war dann Weihnachten.
Ich hatte wieder einmal den Gedanken, dass das vielleicht doch einfach nur ein manisch-depressiver Redakteur von *Verstehen Sie Spaß?* verbrochen haben könnte, und sah mich unauffällig nach versteckten Kameras um. Ich gebe zu, das tue ich tatsächlich auch nach all den Jahren als Sachverständige immer mal wieder.
Während ich das tat, war mir schon klar, dass das vollkommen bescheuert war, weil 1.) auch ein manisch-depressiver Redakteur ja immer noch einen Chef hat, der das Ganze abgenickt haben müsste, 2.) versteckte Kameras so heißen, weil sie es sind und ich sie deshalb ja wohl kaum finden würde, wenn ich mich mal eben total unauffällig im Raum umsehe. Außerdem gab es da noch ein Problem: das Im-Raum-Umsehen nämlich. Genau das musste ich nämlich die nächsten Stunden vermeiden, um mich konzentrieren zu können.
Es hingen überall Glitzerengel herum. Das Fensterbrett und auch die Regale sowie der Couchtisch standen voll mit Weihnachtsmännern, Rentieren, weiteren Engeln, Schneemännern, Kerzen und Schalen mit getrockneten Tannenzweigen, Glitzersternen und golden bemalten Nüssen. Jede Steckdose war mindestens mit einem Dreifachstecker belegt, in dem die Enden diverser Lichterketten steckten (zum Glück keine blinkenden – sonst hätte ich wahrscheinlich spontan einen epileptischen Anfall bekommen). Das ganze Haus roch nach diesem Weihnachtsduftkram. Irgendwas mit Zimt, Bratapfel, Tannen und Glühwein – also als würde man mitten im Wald plötzlich an einen Glühweinstand kommen, der auch Bratäpfel mit Zimtaroma verkauft –, eine schöne Vorstellung …

Ein Wald … Ein großer einsamer Wald … Und ganz viel Glühwein …
Ich würde ja gern berichten, dass im Hintergrund Weihnachtsgedudel lief, aber es lief EBEN NICHT im Hintergrund. Es lief im VORDERGRUND. Als ich das Wohnzimmer betrat, lief ausgerechnet »Stille Nacht«, und fast hätte ich gelacht. Aber eben nur fast.
Also, es lief sehr laut Weihnachtsmusik. »Stille Nacht«, »O Tannenbaum«, »Ihr Kinderlein kommet« … All dieser Kram. Ich war beinahe erleichtert, nach einer Weile dann auch »Jingle Bells« zu hören. Und ja, ich hatte Frau Reinhardt natürlich darum gebeten, die Musik während des Gespräches auszumachen. Die Antwort war: »Ach, nein, das wäre aber doch zu schade. Die ist so schön, die Musik. Ich mache sie ein bisschen leiser, das geht dann auch.«
Ich war so benebelt von dem Zimtbratapfelglühweintannen-Gemisch, dass ich hierauf nur langsam nickte. Ich glaube, sie hat die Musik dann auch gar nicht wirklich leiser gemacht …

Aber man gewöhnt sich ja bekanntlich an alles. Auch an Weihnachten im März. Nach einer Viertelstunde konnte ich mich dann doch auf das Gespräch mit der Großmutter konzentrieren. Na ja, zumindest bis zu dem Moment, als eine sehr alte Frau wie ein Geist durchs Zimmer schlurfte. Sie hatte lange verfilzte graue Haare und trug ein weißes Nachthemd – sah also verdammt noch mal genau SO aus, wie besagter psychisch gestörter Redakteur so einen Running Gag hätte herrichten lassen. Die alte Frau hustete lautstark, hob eine Blumenvase mit Plastikblumen hoch und stellte sie wieder hin, um mit einem »Das hab ich doch gleich gesagt!« wieder zu verschwinden.

Es fehlte nur noch das mit Kettengerassel untermalte »Huuu-uiiii-Buuuuuuh …!« …

Auf meinen fragenden Blick hin erklärte Frau Reinhardt, die Dame sei ihre Mutter. »Die stört nicht groß, und ich bekomme dann das Geld für die Pflege.«
Ich überlegte, ob ich sie bedauern sollte, denn jetzt, wo sie das Geld für die Pflege bekam, war das ja glatt wie Geld verdienen. Sie musste also sicherlich ziemlichen Stress haben, dieses Geld so schnell wie möglich wieder auszugeben, um nicht Gefahr zu laufen, immer und immer wieder umgebracht zu werden …

Ich fragte, ob sie die Weihnachtsdekoration wegen ihrer Mutter noch nicht weggeräumt habe. Ich hegte den Schimmer einer Hoffnung, dass die Entfernung der Dekoration für die alte Frau vielleicht verwirrend gewesen war und man sich deshalb entschieden hatte, das Haus noch eine Weile so zu belassen. Frau Reinhardt schaute mich an, als hätte ich nicht mehr alle Tassen im Schrank. »Wie??? Wieso wegen meiner Mutter?? Wie kommen Sie denn darauf?? Die kriegt doch eh nix mehr mit. Das haben Sie doch gesehen, oder? Die ist halt da und schlurft ab und zu herum. Das war's dann auch. Na, lang macht die's auch nicht mehr.«
Ich sah ein, dass meine Frage überhaupt gar keine Grundlage hatte. Bei einem derart geringen Aufkommen von Feingefühl wird man wohl kaum die Wohnung wegen möglicher Irritationen einer alten Dame monatelang weihnachtlich dekoriert lassen.
War ja nur so eine Idee von mir … Lustig irgendwie, dass Frau Reinhardt nun ihrerseits mich für nicht ganz zurechnungsfähig hielt. Aber das war auch nichts Neues für mich.

Als ich versuchte, ihr meine Vorstellung von einer Unterstützung für sie zu erläutern, unterbrach sie mich: »Sie glauben jetzt aber nicht wirklich im Ernst, dass ich mir von so einer Sozialarbeiter-Psycho-Trulla in meine Erziehung reinquatschen lasse, oder?«
Äh … Na ja …
»Ich hab schon mal ein Kind großgezogen. Ich weiß, wie das geht. Das muss mir keiner erklären. Da hab ich auch keine Zeit für so einen Quatsch.«
Stimmte schon. Sie hatte bereits ein Kind großgezogen. Und das verbrachte nun den Großteil seiner Zeit in psychiatrischen Kliniken. Ich meine, es musste nicht unbedingt einen Zusammenhang geben, aber es konnte. Durchaus.

Um es kurz zu machen: Anna-Lena würde zukünftig nicht bei ihrer Oma im Weihnachtswunderland wohnen. Sie blieb bei ihrer Bereitschaftspflegefamilie, die Besuchskontakte von Anna-Lena zu ihrem Vater und ihrer Mutter tatkräftig unterstützte und sich bereit erklärte, das Mädchen so lange bei sich zu behalten, bis einer der Elternteile wieder dazu in der Lage sein würde, sich um Anna-Lena zu kümmern.
Ich bin sicher, ich tat damit Frau Reinhardt und Anna-Lena einen Gefallen. Dem Mädchen aus offensichtlichen Gründen, und der Oma rettete ich ganz bestimmt das Leben, denn wenn ihre Enkeltochter nun auch noch bei ihr leben würde, bekäme sie ja NOCH MEHR Geld … Nein, nein, das wäre viel zu gefährlich!

Eine kleine Heldin

»Hallo, Frau Seeberg, ich bin gerade bei Gericht. Verhandlungspause. Können Sie eine Begutachtung dazwischenschieben? Jetzt sofort!«

Frau Ehring klang gehetzt und machte zum ersten Mal seit langer Zeit zu Beginn eines Gespräches keinen Witz.

»Jetzt sofort? Ja, ich weiß nicht …«

»Bitte! Ich weiß, wie ausgelastet Sie sind, und ich würde Sie nicht fragen, wenn es nicht wichtig wäre.«

»Ja, dann … Gut …«

Sie unterbrach mich. »Wunderbar! Ich wusste, dass Sie ja sagen würden! Ich sag gleich dem Richter Bescheid. ›Lisa Hofmann‹ ist das Kind, um das es geht. Sie soll … Oh, die Pause ist um. Ich melde mich danach. Danke!«

Weg war sie.

Mich beschlich ein ungutes Gefühl. Wenn schon Frau Ehring keine Gags mehr auf Lager hatte, dann musste es sich um eine wirklich schlimme Sache handeln.

Alle Fälle, die ich begutachte, sind besonders und auf ihre Art einzigartig. Aber es gibt Umstände, Geschichten und Personen, die mich mehr beschäftigten als andere. Der Auftrag »Lisa Hofmann« ist und bleibt einer der berührendsten Fälle für mich.

Mein erster Termin war bei Familie Hofmann zu Hause. Zwei Tage nachdem Frau Ehring mich angerufen hatte.

Lisas ältere Schwester Maria saß mir gegenüber. Sie war gerade achtzehn geworden, weshalb sich die Fragestellung des Familiengerichts nicht auch auf sie bezog. Sie durfte selbst bestimmen. Ihre kleine Schwester Lisa nicht. Sie war gerade erst dreizehn geworden.

Maria hatte den Wunsch geäußert, mit mir zu sprechen, und ich hatte diesem gern entsprochen.

»Wenn Lisa jetzt auch noch nach Hamburg muss, dann wird sie das völlig umhauen. Sie ist das tapferste Mädchen, das ich kenne, aber irgendwann kann auch sie nicht mehr. Was muss sie denn noch alles durchmachen?«

Maria schaute mich wütend an.

Sie war ausgesprochen hübsch mit ihren dunklen glatten Haaren und den großen braunen Augen.

»Ja, sie ist erst dreizehn, aber es kann doch nicht sein, dass er jetzt einfach mit ihr machen kann, was er will! Das darf nicht sein!«

Sie zupfte sich die Ärmel ihres hellgrünen Sweatshirts über die Fingerspitzen, schob die Ärmel wieder zurück, fuhr sich durchs Haar und begann dann ein Taschentuch, das auf dem Tisch lag, zu zerrupfen.

»Das darf er einfach nicht. Der hat sich scheiße Mama gegenüber verhalten. Und uns gegenüber. Der hat sich doch nie für uns interessiert! Und jetzt kommt er an und macht einen auf Papa oder was? Das ist einfach … Das ist so … Das darf nicht sein!«

Sie nahm sich das nächste Taschentuch vor und zupfte wütend daran herum. Dann hielt sie inne, seufzte tief und ließ die Schultern nach unten fallen.

»Finden Sie's schlimm, dass ich das Shirt hier anhabe? Mama mochte das so gerne, und da dachte ich …«

Sie knüllte den Rest des Taschentuchs zusammen und atmete mehrmals tief ein und aus.

»Maria, ich finde, das ist eine sehr schöne Farbe. Und ich kann mir nicht vorstellen, dass es irgendjemand schlimm findet, wenn du dieses Shirt tragen willst.«
Maria lächelte zum ersten Mal. Nur kurz, aber immerhin. Ein Lächeln.
»Danke. Das sagt Frau Roth auch. Die ist wirklich in Ordnung. Und die hat sich sofort um uns gekümmert. Sie war gleich da, als … nachdem … sie hat …«
Ich sah, wie Maria kämpfte. Ich hätte sie gerne in den Arm genommen, aber es war klar, dass dies definitiv nicht die richtige Situation dafür war. Und dass Maria das auch nicht gewollt hätte.
Nach kurzer Zeit hatte sie sich wieder im Griff. Sie schaute mich an. Entschlossen, jetzt alles zu sagen, was ich ihrer Meinung nach wissen musste. Und zwar ohne zu weinen.
»Am Samstag, als das … passiert ist, da haben wir Frau Roth gerufen. Und sie ist die ganze Zeit bei uns geblieben. Sie hat sich um uns gekümmert und zugesehen, dass es uns gutgeht. Als mein Vater dann Bescheid wusste, hat sie lange mit ihm gesprochen. Aber er hat nicht auf sie gehört. Er wollte Lisa sofort holen kommen. Aber da ist Frau Roth schon mit ihr zu so einem Arzt in der Ambulanz gegangen. Das Jugendamt hatte ja zu. War ja Sonntag. Und dann hat sie mit all den Leuten geredet und Termine gemacht und sich trotzdem um uns gekümmert. Lisa will bei ihr bleiben. Bitte. Bitte, das muss doch möglich sein! Herr Roth ist auch noch da. Der ist auch total nett. Lisa geht kaputt, wenn unser Vater sie mit nach Hamburg nimmt. Sie müssen das verhindern! Mama hätte das nie gewollt, dass …«
Maria schlug die Augen nieder, kaute auf ihrer Unterlippe und krallte ihre Finger so sehr ineinander, dass ich tatsächlich befürchtete, es würde jeden Moment Blut fließen.

»Maria, wenn du später noch mal mit mir sprechen möchtest, dann können wir das sehr gern tun. Meine Nummer hast du ja.«

Maria nickte, verharrte aber in ihrer Position. Sie sah aus, als hätte sie jeden verfügbaren Muskel angespannt, um nicht zusammenzubrechen.

Ich stand auf. »Ich hole mal Frau Roth, ja?«

Kaum hatte ich die Zimmertür geöffnet, kam sie mir auch schon entgegen. Gefolgt von ihrem Mann, der mich kurz begrüßte und dann Maria sanft am Arm anfasste. Sie stand auf und ließ sich von Herrn Roth nach draußen bringen. Kaum hatten die beiden das Zimmer verlassen, hörte ich Marias Schluchzen und ein tiefes, beruhigendes Murmeln.

»Mein Mann kümmert sich jetzt um sie. Bei ihm kann sie weinen.« Frau Roth nickte mir beruhigend zu.

Sie fuhr fort: »Maria ist sehr tapfer. Genauso wie Lisa. Aber es muss auch eine Zeit geben, in der sie sich gehenlassen können. Sie sollen nicht vor lauter Tapfersein das Trauern vergessen. Ich glaube, das gehört dazu und ist wichtig.

Aber die beiden stehen noch unter Schock. Und jetzt geht es noch dazu darum, was nun mit Lisa geschieht. Das alles ist ja schon für mich sehr schwer. Was die Mädchen gerade zu ertragen haben, ist kaum vorstellbar.«

Maria und Lisa waren vor nicht einmal einer Woche am Samstag mit ihrem Hockeyverein auf einem auswärtigen Turnier gewesen und erst am Abend nach Hause gekommen. Ihre Mutter hatte ihnen nicht geöffnet, und sie hatten auch kein Licht gesehen.

Die beiden Mädchen hatten sich gewundert, aber gedacht, dass ihre Mutter vielleicht später mit ihnen gerechnet hatte und deshalb auf ein Glas Wein bei den Nachbarn, der Familie

Roth, sei. Sie klingelten dort. Frau Roth war zwar zu Hause, aber die Mutter der Mädchen war nicht bei ihr.
Lisa erzählte mir später: »Das ist der allerschlimmste Moment für mich. Ich hab Erika, also Frau Roth, gesagt, sie soll uns aufschließen, und dann, als wir ins Haus kamen, hab ich ... Da lag Mama auf dem Sofa, und ich hab ihr zugerufen: ›Boah, Mama! Das kann ja wohl echt nicht sein, dass du einfach nicht hörst, wenn wir klingeln!‹ Ich hab das nicht böse gemeint. Aber ich hab so doof mit ihr geredet, und sie war da doch ...«
Ihre Mutter war tot.
Sie hatte keine Vorerkrankungen gehabt. Keine Probleme. Dennoch hatte ihr Herz an diesem Samstag einfach aufgehört zu schlagen.

Frau Roth und ihr Mann waren sofort zur Stelle und kümmerten sich um Lisa und Maria. Nach dem ersten Schock informierten sie den Vater der Kinder und Ex-Mann der Mutter, Herrn Hofmann, im knapp sechshundert Kilometer entfernten Hamburg.
Herr Hofmann hatte seine Familie vor sieben Jahren verlassen. Und zwar nachdem ihn seine Frau ganz klischeehaft im Büro mit der Sekretärin erwischt hatte. Mit dieser war er mittlerweile verheiratet. Die beiden waren vor fünf Jahren nach Hamburg gezogen.

Von Frau Ehring wusste ich, dass sowohl die Trennung des Ehepaars Hofmann als auch die Jahre danach für alle Beteiligten sehr anstrengend gewesen waren. Herr und Frau Hofmann hatten sich so sehr zerstritten, dass sich mehrere Gerichtsverfahren über Jahre hingezogen hatten. Die Kontakte zwischen den Mädchen und ihrem Vater waren schwierig gewesen. Direkt nach der Trennung hatten sie zunächst regelmäßig stattgefunden, aber nach einigen Monaten hatte Herr Hofmann immer wieder wegen Geschäftsreisen absagen müssen. Allerdings hatten Lisa und Maria ihn in genau dieser Zeit mit seiner Sekretärin im Eiscafé, knutschend im Auto an einer Ampel und im Einkaufszentrum gesehen.

Frau Ehring war schon damals für die Familie zuständig gewesen. Wir trafen uns in ihrer Mittagspause, und sie erzählte: »Ich kann mich gut an die Familie erinnern. Die Mädchen waren so nett. Und nachher so verzweifelt. Beide wollten so unbedingt vom Vater wahrgenommen und geliebt werden, aber ich denke, das war schon während der Ehe nicht so gelaufen, wie sie gehofft hatten. Na ja, und dann ist dieser Armleuchter noch nicht mal dazu in der Lage, es geschickt anzustellen, wenn er seine Kinder für seine neue Flamme versetzt. Wie kann man denn seinen Kindern wegen einer angeblich unaufschiebbaren Geschäftsreise absagen und dann turtelnd mit seiner Neuen in der gleichen Stadt rumhängen? So viel Blödheit gehört doch verboten!«
Frau Ehring nahm mal wieder kein Blatt vor den Mund.
»Und danach hat er sich noch nicht mal sonderlich bemüht, sondern den Kontakt abgebrochen! Weil der Herr beleidigt war! Der hat ernsthaft seinen Kindern vorgeworfen, dass sie ihn nicht darauf angesprochen hatten, als sie ihn das erste Mal mit seiner Neuen gesehen hatten. Ich war damals dabei bei diesem Familiengespräch. Der hat ganz ernsthaft gesagt, dass er das nicht in Ordnung gefunden hätte, dass die beiden nicht gleich was gesagt hätten, weil … Und jetzt kommt's! Weil er dann nämlich beim nächsten Mal besser aufgepasst hätte! Das war seine Begründung! Da ist sogar mir zunächst nichts mehr eingefallen. Er hat dann einen auf beleidigte Leberwurst gemacht und gesagt, er bräuchte jetzt erst mal Abstand und

würde sich wieder melden. Und damit hat er die Mädchen, ihre Mutter und mich sitzenlassen und ist gegangen. Das ist doch einfach unfassbar! Da könnte ich mich so drüber aufregen!!«

»Ich habe den Eindruck, das tun Sie gerade …«

»Stimmt. Und wissen Sie was? Zu Recht! So ein Hornochse!! Nach acht oder neun Monaten hat er mich angerufen und gesagt, ich soll dafür sorgen, dass jetzt wieder Kontakte stattfinden. So einer ist das! Also, den hätte ich …! Aber die Mädchen hingen ja irgendwie an ihm. Mein Gott, war das immer ein Kampf. Sie wollten ihm gefallen, und er hat sie abblitzen lassen.«

Frau Ehring hatte trotz ihrer offensichtlichen Abneigung Herrn Hofmann gegenüber immer wieder versucht, für funktionierende Umgangskontakte zu sorgen und positiv auf den Vater einzuwirken, war aber letztendlich gescheitert. Er war ein intelligenter Mann. Aber im Zusammenhang mit seinen Kindern war Herr Hofmann gefühlsarm und egoistisch. Alle Gespräche, seien sie im Einzelkontakt, als Paargespräche oder in der Familienrunde geführt worden, hatten keinen nennenswerten dauerhaften Effekt gezeigt. Kurze Phasen des Bemühens wurden stets abgelöst von erneuter Rücksichtslosigkeit und einem deutlichen Mangel an Interesse.

Vor drei Jahren schließlich war der Kontakt zwischen Herrn Hofmann und seinen Töchtern endgültig eingeschlafen. Es hatte noch vereinzelte Treffen gegeben, wenn Herr Hofmann ohnehin beruflich in seiner Heimatstadt zu tun hatte, aber diese verliefen für alle Beteiligten unbefriedigend. Herr Hofmann fand, dass seine Töchter netter zu ihm sein sollten. Maria und Lisa fühlten sich weder gewollt noch geliebt. Sie gingen mit gemischten Gefühlen zu den Treffen und kamen ernüchtert und traurig zurück.

Frau Ehring legte ihre Hand auf meinen Arm. »Frau Seeberg, wenn Herr Hofmann Lisa nun in dieser Situation aus ihrem sozialen Umfeld reißt ... Gegen ihren Willen ... Die Kleine geht kaputt!«
Ja, damit hatte sie womöglich recht. Was nun?

Nach allem, was ich bislang wusste, sprach nicht wirklich viel dafür, dass es Lisa bei ihrem Vater gutgehen würde. Aber »nicht gutgehen« und »akute Kindeswohlgefährdung« sind eben zweierlei.
Herr Hofmann hatte nach der Scheidung weiterhin mit der Mutter das gemeinsame Sorgerecht für beide Kinder gehabt. Ausgeübt hatte er es nicht. Frau Hofmann und er hatten kaum Kontakt zueinander gehabt, und er hatte alle Entscheidungen ihr überlassen. Aber Tatsache war, dass er rechtlich gesehen nun allein sorgeberechtigt war. Das bedeutete, dass er auch bestimmen konnte, wo seine 13-jährige Tochter wohnen sollte, solange er nichts getan hatte, was rechtfertigen würde, ihm das Sorgerecht zu entziehen.
Das wusste natürlich auch das Jugendamt. Und ich bin sicher, dass es etliche Mitarbeiter gegeben hätte, die das als Argument genutzt hätten, um einfach nichts zu tun.
Nicht so Frau Ehring. Sie hatte einen Bericht an das Familiengericht geschrieben, der den Richter veranlasst hatte, ein Verfahren zu eröffnen. Im ersten Gerichtstermin einigte man sich darauf, dass sich die Sachverständige, also ich, innerhalb von einer Woche ein erstes Bild machen sollte und man sich dann wieder zusammensetzen würde. Immerhin hatte sich Herr Hofmann darauf eingelassen. Von Frau Ehring wusste ich allerdings, dass der Anwalt des Vaters dabei einiges an Überzeugungsarbeit geleistet hatte.

Als ich Lisa zum ersten Mal sah, war ich erstaunt, wie klein und zierlich sie war. Ich hätte sie auf nicht älter als 11 Jahre geschätzt. Und mit ihren hellroten Locken und den grünen Augen sah sie ihrer großen Schwester kein bisschen ähnlich.
Ich traf sie einen Tag nachdem ich mit Maria und Frau Roth gesprochen hatte, in den Räumlichkeiten des Jugendamtes, die kein bisschen wie Büros, sondern vielmehr wie gemütliche Wohnzimmer aussahen. Aber irgendwie waren sie das eben nicht. Man saß hier nicht, um es gemütlich zu haben. Man saß hier, um Probleme zu wälzen, Kompromisse zu finden und sich im besten Fall zu vertragen.
Ich hatte geplant, erst mit Lisa, dann mit ihrem Vater und anschließend eventuell mit beiden zusammen zu sprechen.
»Ich möchte wirklich gerne bei Frau Roth wohnen. Da kann ich meine Freunde behalten, weiter auf meine Schule gehen und ... Und da bin ich auch glücklich. Ich mag Frau Roth und ihren Mann auch. Papa mag ich auch irgendwie, aber ich will da echt nicht hin. Ich kenn da niemanden und Papa ist mir ja auch irgendwie fremd. Und ich mag seine Frau nicht. Und deren Kinder kenn ich gar nicht. Und ich ... Ich will das nicht. Gar nicht.«
Lisa sah mich bittend an.
Und ich fühlte mich elend.
Frau Ehring, Lisa, Frau Roth, Maria, wahrscheinlich auch der Richter ... Sie alle zählten darauf, dass ich etwas würde tun können, damit Lisa zukünftig bei der Familie Roth bleiben könnte. Ich wollte dem Mädchen auch gerne helfen. Sehr gerne. Natürlich.
Aber nach dem Gespräch mit Herrn Hofmann war klar, dass das schwierig bis unmöglich werden würde.
Er war eloquent und zeigte sich vordergründig verständnisvoll. Natürlich würde Lisa ihren Hund mit nach Hamburg

nehmen und ihre Schwester sowie Frau Roth regelmäßig besuchen dürfen.

»Da wird es ihr sicher gleich gutgehen. Sie hängt ja so an dem Hund. Und da kommen wir ihr natürlich entgegen. Sie bekommt auch ein eigenes Zimmer. Wir haben für alles gesorgt. Sie hat bei uns alles, was sie braucht.«

Herr Hoffmann schilderte, er würde sich zumindest in der Anfangszeit ganz viel Zeit für seine Tochter nehmen. »Dann kann ich ja mal mit ihr in den Zoo gehen oder ins Schwimmbad.«

Herr Hofmann erzählte, dass die Schwierigkeiten im Hinblick auf seinen Umgang mit Maria und Lisa auf das unversöhnliche und boykottierende Verhalten seiner Ex-Frau zurückzuführen gewesen seien. »Aber das ist ja jetzt unwichtig. Und natürlich werde ich mit Lisa nicht über diese Dinge sprechen. Sie soll ja ihre Mutter in guter Erinnerung behalten. Es geht ja jetzt in erster Linie darum, dass es Lisa gutgeht.«

Herr Hofmann wusste, auf was es ankam, und sagte absolut nichts, was einen Anhaltspunkt für eine fehlende Erziehungsfähigkeit hätte darstellen können.

Einzig Lisas Willensäußerung stand Herrn Hofmanns Vorhaben entgegen. Aber auch hierfür hatte er eine Erklärung: »Das ist ja klar, dass Lisa schon alleine aus Loyalität zu ihrer Mutter mir gegenüber erst einmal ablehnend ist. Frau Hofmann hat ja nichts unversucht gelassen, um meine Beziehung zu den Mädchen zu vergiften. Das ist jetzt für Lisa nicht einfach.«

Auf meine Frage, ob er sich vorstellen könnte, darüber nachzudenken, Lisas Wunsch zu entsprechen und sie zur Familie Roth ziehen zu lassen, antwortete er: »Ich habe darüber nachgedacht und bin zu einem eindeutigen Ergebnis gekommen. Das kommt nicht in Frage. Sie ist meine Tochter, ich habe ein

Haus, ein Zimmer für sie, alles ist da. Es gibt keinen Grund dafür, dass sie woanders wohnt als bei mir.«

Als ich Lisa zum Gespräch dazugeholt hatte, wiederholte Herr Hofmann, was er mir im Einzelgespräch schon gesagt hatte.
»Ich denke, wenn Lisa erst einmal bei mir ist, wird es ihr leichter fallen. In Hamburg gibt es eine sehr gute Schule, ich hab sie schon im Hockeyverein angemeldet, und wenn sie ihren Hund dabeihat, lebt sie sich bestimmt schnell ein.«
Lisa sah ihren Vater von der Seite an und sagte leise: »Ich bin hier.«
»Wie bitte?« Herr Hofmann war verwirrt.
»Ich bin hier. Du redest von mir, als wäre ich nicht da.«
»Ach, Lisachen, das hast du falsch verstanden. Ich habe eben gerade mit Frau Seeberg gesprochen, damit sie versteht, dass es für dich nicht so schlimm werden wird, wie jetzt alle denken.«
»Ich möchte aber bei Frau Roth bleiben. Bitte.«
»Schau, Lisa, ich bin dein Vater, und du gehörst zu mir. Du kannst Frau Roth ja besuchen.«
»Aber ich möchte …«
»Und du bist jetzt sowieso zu verwirrt und traurig, um so etwas zu entscheiden.« Er wuschelte Lisa durch die Locken. »Dafür hat ein Kind ja Eltern. Damit die Entscheidungen treffen. Du weißt ja gar nicht, was jetzt gut für dich ist.«
Lisa fuhr sich fahrig durch die Haare.
»Papa, ich weiß sehr wohl, was gut für mich ist. Du kennst mich doch gar nicht.«
»Umso wichtiger ist es, dass wir uns endlich wieder näherkommen.«
Mir wurde klar, dass sich Herr Hofmann auf keine Kompro-

misse einlassen würde. Er wollte Lisa mit nach Hamburg nehmen und würde das auch tun.
Ich fand zwar, dass er deutlich über Lisas Bedürfnisse hinwegging und sich im Verhalten ihr gegenüber wenig bis gar nicht feinfühlig zeigte. Es war also zu erwarten, dass Lisa bei ihm in Hamburg nicht glücklich werden würde, aber das allein würde niemals ausreichen, um Lisas Wunsch zu erfüllen. Dass etwas nicht schlimm genug ist, um eine Änderung im Sinne eines Kindes herbeizuführen, ist je nach Fall für mich mehr oder weniger gut auszuhalten.
Lisa tat mir so leid, und ich bewunderte ihre Stärke und auch ihren Mut. Auch wenn sie kein gutes Verhältnis zu ihrem Vater hatte, war es dennoch sicher nicht einfach, ihm zu sagen, dass sie lieber bei ihrer Nachbarin wohnen wollte als bei ihm. Dazu kam, dass ich tatsächlich besorgt war. Sie war gerade dreizehn Jahre alt, hatte plötzlich ihre Mutter verloren und sollte nun in eine fremde Stadt zu ihrem Vater, mit dem sie nicht gut zurechtkam, und dessen neuer Frau und deren Kindern. Ich war mir ziemlich sicher, dass Herr Hofmann es nicht schaffen würde, ein gutes Verhältnis zu seiner Tochter aufzubauen. Dazu war er meiner Ansicht nach zu unsensibel.

Dennoch wurde beim nächsten Gerichtstermin beschlossen, dass Lisa mit ihrem Vater nach Hamburg gehen würde. Frau Ehring gelang es aber, dafür zu sorgen, dass die Begutachtung fortgeführt werden sollte. Immerhin.
Herr Hofmann empfand dies als Unverschämtheit, musste sich aber schließlich damit arrangieren. Frau Ehring warf ein, dass er sich doch über das Gutachten freuen könne, denn danach hätte er ja schwarz auf weiß und von einer Sachverständigen unterschrieben, dass es Lisa bei ihm gutgehe. Darauf wusste er nichts zu erwidern.

Als Lisa mitgeteilt wurde, dass sie zumindest für die nächsten Wochen mit ihrem Vater nach Hamburg gehen müsse, zeigte sie kaum eine Regung. Sie nickte nur. Und gefiel mir dabei gar nicht.
Es lag weniger ein Einverständnis in diesem Nicken als vielmehr Resignation und Kraftlosigkeit.
Lisa hatte den Mut gehabt zu sagen, was sie sich wünschte. Erfolglos. Sogar das Gericht sagte, dass sie zumindest erst einmal mit ihrem Vater mitkommen muss.
Generell ist das natürlich richtig, aber in diesem speziellen Einzelfall fand ich es einfach nur frustrierend. Und falsch.

Ich sah Lisa drei Wochen später in Hamburg wieder.
Nachdem ich mit ihrem Vater gesprochen hatte, der mir geschildert hatte, dass alles in bester Ordnung und die weitere Begutachtung komplett unnötig sei, sprach ich mit Lisa in ihrem Zimmer.
Es war ein typisches Mädchenzimmer mit hellen Möbeln, ein paar Pferdebildern an der Wand und rosa Bettwäsche. Lisa saß auf dem Bett und holte ihren Hund Josef zu sich. Sie steckte ihre Nase in sein Fell und murmelte »Gell, das darfst du nicht, hier auf dem Bett sein. Aber das ist uns egal.«
»Lisa, wie geht es dir?«
So eine einfache und tagtäglich gestellte Frage. Für Lisa war sie eine Riesenherausforderung, denn sie wollte ehrlich antworten.
Sie hielt ihren Kopf im Hundefell verborgen.
Ich wartete.
Schließlich tauchte sie wieder auf und schaute mich mit verweinten Augen an. »Es ist einfach nur schrecklich hier.«
Lisa erzählte, dass sie anfangs versucht hatte, mit ihrem Vater zu reden, aber der hatte sie immer nur »Lisachen« genannt

und gesagt, dass sie bloß verwirrt sei, sich aber schon einleben würde. Sie stehe unter Schock, und ihre Mutter hätte ja auch jahrelang alles getan, um ihn, den Vater, schlechtzumachen. Lisa wurde geschüttelt vom Schluchzen.
»Und da war's aus für mich. Dass er mir Mama schlechtreden will, das ist so gemein! Er hat sich schon Mühe gegeben für seine Verhältnisse. Er ist mit mir ins Kino gegangen. Sogar mal alleine, ohne seine Frau. Ich hab das Zimmer hier bekommen und so. Wobei … Ich hab gar nichts mit Pferden am Hut, und Rosa mag ich auch nicht so. Das wusste er eben nicht. Und fragen tut er mich nie was.«
Lisa hatte aufgehört zu weinen. Ihre Wut war größer geworden als die Trauer. »Er hat mich zum Hockey gefahren und mir Geld für ein Eis nach der Schule gegeben und lauter solche Sachen. Aber er hat mir nie zugehört. Und mich nie gefragt, was ich will oder wie es mir geht. Nie! Weil er ja meint, dass er das alles besser weiß als ich. Und weil er nicht hören will, dass er eben nicht der tolle Vater für mich ist.«
Über Lisas Gesicht kullerten wieder Tränen.
»Ich gehöre hier nicht hin. Nicht zu Papa und seiner Frau. Und nicht nach Hamburg. Das Einzige, was mir hier gefällt, ist, dass Josef bei mir sein kann. Wenn der nicht wäre, dann wäre ich schon verrückt geworden.«
Sie schluchzte wieder, drückte ihren Hund an sich und konnte eine ganze Weile nichts mehr sagen.
Ich wartete. Im Grunde hatte Lisa ja schon alles gesagt.
Aber was nun?
Ich musste ihr irgendwie helfen. Ich WOLLTE ihr helfen.

»Lisa, dein Vater ist der Überzeugung, dass es dir hier gutgeht.«
»Ja, klar. Weil es ihm völlig egal ist, was ich sage oder fühle.

Oder wie es mir wirklich geht. Für den zählt nur, was er denkt und was er will. Ich hab ja nach einer Weile auch nichts mehr zu ihm gesagt. Warum denn auch? Damit ich mich noch schlechter fühle, weil ich ihm so egal bin? Und damit er noch mehr Gründe hat, um Mama schlechtzumachen?«

Sie weinte bitterlich.

Da konnte und wollte ich nicht mehr anders. Es war mir egal, ob ich hier als Sachverständige neutral sein sollte und ich dachte auch nicht mehr darüber nach, ob ich das nun »durfte« oder nicht. Ich setzte mich neben Lisa und nahm sie in den Arm.

Und als ich dieses zitternde und schluchzende Mädchen im Arm hielt, schwor ich mir, dass ich ihr helfen würde. Irgendwie. Es musste einen Weg geben. Es musste einfach.

Lisa beruhigte sich recht schnell wieder. Sie hatte wahrscheinlich inzwischen Übung darin, sich zusammenzureißen.

»Lisa, sollen wir jetzt mal mit deinem Vater sprechen? Sag ihm doch einmal das, was du mir gesagt hast. Er sollte wissen, was in dir vorgeht. Vielleicht finden wir ja eine gemeinsame Lösung, wenn ihm klarwird, wie es dir geht.«

»Bestimmt nicht. Er sieht doch nur das, was er sehen will. Alles andere existiert nicht für ihn.«

»Bitte lass es mich versuchen. Weißt du, es ist schon hilfreich, wenn du sagst, wie es dir geht und was du möchtest. Und auch, was du nicht möchtest. Kannst du dir vorstellen, das noch einmal zu versuchen?«

»Meinen Sie denn, dass es irgendeine Möglichkeit gibt, dass ich hier wieder wegkomme?«

»Ich glaube schon, dass es diese Möglichkeit gibt. Natürlich gibt es die. Ein Weg dahin könnte ein klärendes Gespräch mit deinem Vater sein.«

»Und wenn das nichts bringt?«

»Dann suchen wir einen anderen Weg. Einverstanden?«
Lisa nickte.
Und ich hatte mich weit aus dem Fenster gelehnt. Diesen anderen Weg … den kannte ich nämlich noch gar nicht.

Das Gespräch mit Herrn Hofmann lief ganz und gar nicht gut. Er warf mir vor, dass ich Lisa gegen ihn beeinflusst hätte.
»Immer wenn sie mit Ihnen gesprochen hat, lehnt sie sich auf. Das tut sie sonst nie!«
Lisa funkelte ihn an und schrie: »Ja, weil die Frau Seeberg mir zuhört und mich versteht. Du aber nicht! Dich interessiert doch überhaupt nicht, wie es mir geht oder was ich will. Das war dir schon immer egal! Du tust nur gern vor anderen so, als wärst du ein toller Vater! Dabei bist du so … gemein!«
Sie sprang auf und rannte aus dem Zimmer.
Herr Hofmann stand ebenfalls auf. »Ich werde mich über Sie beschweren, da können Sie sich aber mal ganz schnell einen Job als Kassiererin suchen. Als Psychologin bekommen Sie keinen Fuß mehr auf den Boden, das schwöre ich Ihnen. Dafür sorge ich. Meine Tochter bleibt bei mir. Daran werden Sie ganz sicher nichts ändern. Und jetzt verlassen Sie sofort mein Haus und lassen sich hier nie wieder blicken!«
Das war tatsächlich das erste und einzige Mal, dass ich eines Hauses verwiesen wurde.
Ich bedauerte sehr, dass ich mich nicht mehr von Lisa verabschieden konnte. Und ich fühlte mich recht hilflos. Hatte ich ihr jetzt womöglich mehr geschadet, als ihr zu helfen? Wenn es nun doch keine Möglichkeit gab, sie bei Familie Roth unterzubringen, dann hatte ich ihr das Leben bei ihrem Vater eventuell noch schwerer gemacht.
Ich fuhr mit einem Knoten im Magen und vielen Grübeleien im Kopf nach Hause.

Noch unterwegs erreichte mich ein Anruf des Richters. Herr Hofmann hatte sich bei ihm beschwert und angekündigt, mich wegen Befangenheit abzulehnen. Der Richter ließ zwar durchblicken, dass er Herrn Hofmann nicht glaubte, dass ich mich so unprofessionell verhalten hatte, wie dieser es geschildert hatte, einen Befangenheitsantrag musste er selbstverständlich dennoch prüfen. Davon abgesehen, dass mir das alles sehr unangenehm war, bedeutete das für Lisa durch die längere Verfahrensdauer noch mehr Zeit in Hamburg. Ich war ein wenig mutlos und dachte mir, dass es vielleicht ganz egal wäre, weil sie ohnehin bei ihrem Vater würde bleiben müssen. Er war unsensibel und hatte noch keine wirkliche Beziehung zu Lisa aufbauen können, aber das alleine war (leider) kein Grund, ihm die elterliche Sorge zu entziehen.

Ich schlief schlecht in dieser Nacht und hatte das getan, was man »einen Fall mit nach Hause nehmen« nennt. Lisa ging mir nicht mehr aus dem Kopf.
Am späten Vormittag rief Frau Ehring an.
»Frau Seeberg!«, schrie sie ins Telefon. »Dieses Mädchen ist einfach unglaublich!«
»Hallo, Frau Ehring, sprechen sie von Lisa?«
»Ja, klar! Von wem denn sonst?!«
»Was ist mit ihr?« Wäre Frau Ehrings aufgekratzter Tonfall nicht gewesen, hätte ich mir sofort Sorgen gemacht. Aber sie klang nicht so, als müsste ich das.
Musste ich tatsächlich nicht.
Lisa hatte ihr Schicksal selbst in die Hand genommen.
Sie hatte ihrem Vater einen langen Brief geschrieben. Dann hatte sie ihre Sachen gepackt und war in den frühen Morgenstunden mit Josef zum Bahnhof gelaufen. Sie hatte sich ein Ticket gekauft und noch vom Bahnsteig aus Frau Roth Be-

scheid gesagt, dass sie auf dem Weg sei und nicht vorhabe, jemals wieder nach Hamburg zurückzugehen. Danach hatte sie selbst bei Frau Ehring angerufen und ihr berichtet, dass sie nun schon im Zug sitze und sich auf keinen Fall dazu überreden lassen werde, wieder zu ihrem Vater zurückzugehen. »Wenn mich der Richter zwingt, dann laufe ich wieder weg. Immer wieder. So lange, bis mein Vater und alle anderen verstanden haben, dass ich das nicht will.«

Herr Hofmann hatte sich auch schon gemeldet. Bei Gericht und auch beim Jugendamt. Er hatte mich beschuldigt, Lisa dazu überredet zu haben, wegzulaufen, und erklärt, er werde nun die Polizei anrufen, damit sie Lisa aus dem Zug hole und wieder nach Hamburg zurückbringe.

Da hatte dann wohl Frau Ehring einige sehr offene Worte mit ihm gewechselt.

Später erzählte sie mir, dass sie in diesem Gespräch durchaus nicht immer professionell geblieben war. »Ganz ehrlich, wenn der Herr Hofmann dieses Gespräch aufgezeichnet hätte, ich glaube, das hätte mich meinen Job gekostet. Aber darüber habe ich in dem Moment nicht nachgedacht. Ich war viel zu wütend. Und ich fand, dass diesem Menschen mal ganz dringend jemand die Meinung sagen müsste! Und es hat ja auch geholfen!«

Ja, das hatte es.

Herr Hofmann ließ am Abend durch seinen Anwalt erklären, dass er »angesichts der unguten Entwicklung und der Front bestehend aus Sachverständiger, Jugendamt und Gericht, die gegen ihn aufgebaut worden sei« seiner Tochter erlauben werde, bis auf weiteres bei der Familie Roth zu leben.

Er schickte mir ein Fax mit dieser Erklärung, auf die er handschriftlich ergänzt hatte: »Nun haben Sie ja erreicht, was Sie wollten. Sie haben Lisa ihren Vater genommen. Wie Sie damit leben können, ist mir ein Rätsel! Schämen Sie sich!«

Ich war wütend und auch irgendwie traurig. Ich hätte mir einen harmonischeren Ausgang dieses Falles sehr gewünscht. Aber was zählte, war die Tatsache, dass Lisa nun tatsächlich bei Familie Roth bleiben durfte.

Ich habe sie noch einmal dort besucht, um mich zu verabschieden. Und um ihr zu sagen, dass ich beeindruckt war von ihrem Mut und ihrer Zielstrebigkeit.

»Danke!« Lisa strahlte.

»Und danke auch für den Tipp!« Sie grinste verschwörerisch.

»Welchen Tipp denn?«

»Na, Sie haben doch gesagt, mein Vater muss wissen, was in mir vorgeht.«

»Ja, schon, aber …«

»Und nachdem ich den Brief geschrieben und ihn noch mal durchgelesen hatte, war mir klar, dass er wahrscheinlich auch den nicht kapieren würde. Und dann dachte ich mir, dass er vielleicht verstehen würde, dass es mir ernst ist, wenn ich einfach was mache. Erst hab ich überlegt, ob ich anfange, die Schule zu schwänzen und so was. Aber dann hatte ich Angst, er bestraft mich dann nur und nimmt mir womöglich Josef weg. Und da hab ich gemerkt, dass ich doch einfach mit Josef zusammen weglaufen kann. Ich hätte nicht gedacht, dass er da gleich sagt, ich kann bei Frau Roth bleiben. Aber ich hab mir gedacht, dass ich den Josef dann dort lassen kann, damit er sicher ist. Und dass ich dann eben einfach immer wieder weglaufe. So lange, bis er es kapiert und mich in Ruhe lässt. Gut, gell?«

Lisa strahlte. Diesen Anblick werde ich niemals vergessen. Sie war zu Recht stolz auf sich. Und man sah ihr an, welche Kraft sie gewonnen hatte durch die Erkenntnis, dass sie die Macht hatte, etwas zu tun. Ihr Leben in die Hand zu nehmen.

Ich bin sehr dankbar, dass ich diesen Moment erleben durfte.

Und ich freue mich darüber, dass ich durch Frau Ehring, die weiterhin Kontakt zur Familie Roth hielt, weiß, wie Lisas Leben weiter verlief.

Lisa ging noch einige Zeit zu einer Therapeutin, um das Erlebte aufzuarbeiten. Daneben hielt sie guten Kontakt zu ihrer Schwester, konnte noch viele Jahre ihren treuen Gefährten Josef knuddeln und beschloss, nach dem Abitur Psychologie zu studieren. Der Kontakt zu ihrem Vater brach zunächst vollständig ab. Sie nahm ihn aber während ihres Studiums wieder auf und hält ihn bis heute.

Gib Kuss!

Mein nächster Gutachtenauftrag betraf eine russische Familie. Wie ich schon aus der Akte entnehmen konnte, würde zumindest die Mutter des Kindes, um das es ging, einen Dolmetscher benötigen. Das macht die Begutachtung immer etwas schwieriger, zumindest für mich. Ich finde es unangenehm, dass ich dann vollkommen auf die korrekte Übersetzung des Dolmetschers angewiesen bin. Wenn dieser Zwischenschritt nicht funktioniert, dann kann das zu Missverständnissen führen, die bestenfalls lästig sind. Im schlimmsten Fall muss ich dann mehrere zusätzliche Gespräche führen, bis das Ganze endlich stimmig wird.

Ich habe mit Dolmetschern schon seltsame Dinge erlebt. Es handelte sich dabei immer um vereidigte Dolmetscher, die nicht zum ersten Mal für das Gericht arbeiten. Deshalb ging ich zu Beginn meiner Gutachtertätigkeit in meiner damaligen Naivität davon aus, dass diese dann ja wohl auch gut sein müssten. Weit gefehlt. Die Unterschiede zwischen Dolmetschern könnten größer kaum sein. Ich habe überaus fähige und korrekt arbeitende Übersetzer erlebt, aber teilweise auch wirklich unfassbar unprofessionelles Verhalten.

Meine Erklärung zu Beginn eines Gespräches mit Dolmetscher war immer in etwa gleich: »Bitte stoppen Sie sowohl mich als auch meinen Gesprächspartner, falls wir zu lange ohne Pause reden. Bitte übersetzen Sie unbedingt, soweit es irgend möglich ist, wortwörtlich. Fügen Sie auf keinen Fall etwas dazu und lassen Sie auch nichts weg. Wenn mein Gesprächspartner etwas nicht verstanden hat, lassen Sie mich das

erklären und übersetzen Sie es bitte anschließend.« Obwohl ich das immer vorab erklärte, musste ich viele Dolmetscher im Laufe des Gespräches wiederholt darauf hinweisen. Und trotzdem passierte es dann, dass mein Gesprächspartner so lange redete, dass ich mir sicher war, dass auch ein möglicherweise hochbegabter Dolmetscher all das nicht mehr Wort für Wort übersetzen konnte. Meist bekam ich dann von Seiten des Dolmetschers lediglich einen Satz vor die Füße geworfen. Und nicht selten hatte ich das Gefühl, dass ich mit Stolz angeschaut wurde, nach dem Motto »Das habe ich extra für Sie ganz prima zusammengefasst«.
Es gab auch oft Situationen, in denen der Dolmetscher und mein Gesprächspartner einen Dialog in der jeweiligen Fremdsprache begannen, den ich mit Hinweis auf die Begutachtungssituation unterbrechen musste. Kann sein, dass ich dabei nicht immer so ganz freundlich blieb …
Zur Verteidigung hörte ich dann Sätze wie: »Ich habe dem Mann nur erklärt, dass er das so nicht machen kann. Das ist doch klar. Und das sehen Sie ja wohl auch so, oder?!«, »Na, das muss man der Mutter doch sagen, dass sie mit solchen Aussagen wohl kaum ihre Kinder wiederbekommt!«.
Es war oft erstaunlich schwer, dem jeweiligen Dolmetscher klarzumachen, dass das zwar rein inhaltlich sicher stimmte und sie ja auch recht damit hätten, dass dies aber wirklich nicht zu ihren Aufgaben gehörte, dass sie solche Äußerungen unbedingt unterlassen sollten und bitte einfach nur übersetzen!
Meist waren diese Dolmetscher eben sehr mitfühlend und konnten schlecht ertragen, mit anzusehen und ja auch auf eine Art dazu beizutragen, wie jemand für ihn nachteilige Dinge von sich gab. Rein menschlich habe ich dafür natürlich Verständnis und finde es auch irgendwie rührend, aber vom be-

ruflichen Standpunkt aus muss ich sagen, dass ein solches Verhalten schlichtweg unprofessionell und nicht hilfreich ist. Ich erinnere mich noch an eine Dolmetscherin, die sich nicht wegen eines Zuviels an Mitgefühl inakzeptabel verhielt, sondern weil sie von den Ausführungen der Mutter, für die sie übersetzen sollte, unglaublich genervt war. Sie verdrehte, während diese sprach, ständig die Augen, stöhnte und schlug sich einmal sogar mit der flachen Hand an die Stirn. Hier halfen auch keine Erklärungen und Bitten meinerseits. Ich musste das Gespräch abbrechen und einen neuen Termin mit einer anderen Dolmetscherin vereinbaren. Die dann übrigens während des Gespräches in Tränen ausbrach …
Ich bin dazu übergegangen, vor den Terminen ein sehr ausführliches Gespräch mit den Dolmetschern zu führen und ihnen zu erklären, warum es so wichtig ist, genau zu sein und unverfälscht wiederzugeben. Ich bereite sie auch darauf vor, dass das Gehörte oftmals verstörend sein kann oder sie Gedanken haben werden wie »Nein, das kann sie doch jetzt so nicht sagen!« oder »So bekommt er seine Kinder doch nie zurück« und sie das Bedürfnis haben könnten, etwas an der Situation verbessern zu wollen. Seitdem habe ich deutlich weniger Schwierigkeiten mit Dolmetschern. Und ärgere mich eher über mich selbst, weil ich nicht viel früher auf die Idee gekommen bin, dass es deutlich besser laufen würde, wenn ich mir mehr Zeit nehmen würde, um diese Menschen intensiv darauf vorzubereiten, was sie erwartet.
Es gibt aber auch ganz hervorragende Übersetzer, denen ich schon während meines Einführungsgespräches anmerke, dass sie all das wissen, und die dann bei meinen Bitten, aber auch wirklich wörtlich zu übersetzen, fast beleidigt sind.
Ein türkischer Dolmetscher sagte einmal zu mir: »Frau Seeberg, das ist, als würden Sie einem Architekten erklären, was

er tun muss, damit das Haus nicht wieder in sich zusammenfällt!«
Recht hatte er. Seitdem sage ich dazu, dass ich all das wegen schlechter Erfahrungen mit Übersetzern so ausführlich erkläre.

Bei der russischen Familie hatte ich großes Glück. Ich hatte eine fantastische Dolmetscherin. Sie übersetzte wörtlich und nahm dabei die Haltung und Stimmlage der Mutter an, für die sie übersetzte – umgekehrt genauso. Nach kurzer Zeit war es fast so, als würde ich direkt mit der Mutter sprechen. Das machte das Gespräch für sie und auch für mich bedeutend einfacher.

Die Mutter, um die es ging, Frau Michalkow, hatte sieben Kinder. Vier davon waren schon erwachsen und lebten in Russland. Sie waren damals, als Frau Michalkow nach Deutschland gegangen war, nicht mitgekommen, sondern bei Verwandten geblieben. Frau Michalkow erklärte später, sie habe gefunden, Deutschland sei nichts für Kinder. Auch habe sie sich gedacht, dass es mit vier Kindern viel schwieriger wäre, eine Wohnung zu finden. Deshalb habe sie sie eben in Russland gelassen.
Zwei Kinder lebten im Haushalt der Eltern, ein Kind, das jüngste, um das es bei meiner Begutachtung ging, lebte seit seiner Geburt bei Pflegeeltern und war inzwischen fast fünf. Die beiden Kinder, die im Haushalt lebten, zwei Jungen von vierzehn und sechzehn Jahren, hatten einige Jahre in einem Kinderheim verbracht und waren erst vor einem Jahr wieder zu ihrer Mutter zurückgekehrt.
Frau Michalkow hatte ein massives Alkoholproblem und sich nicht wirklich um ihre Kinder gekümmert. Die beiden Jungen

hatten sich mehrfach in der Schule versteckt und sich dort einschließen lassen, um nicht nach Hause zu müssen. Ob Frau Michalkow dies überhaupt bemerkt hatte, blieb unklar.
Der ältere der beiden Jungen hatte sich schließlich einem Lehrer gegenüber geöffnet und berichtet, dass sie sich zu Hause quasi um sich selbst und auch noch um ihre Mutter kümmern müssten. Die beiden waren sieben und neun Jahre alt, als sie in ein nahe gelegenes Kinderheim kamen, wo sie in einer kleinen Wohngruppe lebten und weiterhin ihre Schule besuchen konnten.
Frau Michalkow wurde nach einigen Jahren mit einer schweren Alkoholvergiftung in ein Krankenhaus eingeliefert. Sie ließ sich danach zu einer Behandlung in einer Suchtklinik überreden und lernte dort ihren aktuellen Lebensgefährten, Herrn Iwanow, kennen. Von ihm wurde sie noch während des Kliniksaufenthaltes schwanger. Die Klinikleitung informierte das zuständige Jugendamt, weil sie Frau Michalkow noch nicht für stabil genug hielten, sich alleine um einen Säugling zu kümmern.
Zunächst zeigte sich Frau Michalkow kooperativ. Sie nahm die Hilfe des Jugendamtes bei der Wohnungssuche und allen Ämtergängen an, stellte einen Antrag auf Hilfe zur Erziehung und ging sogar regelmäßig zum Gynäkologen. Das hatte sie, wie sie nicht müde wurde zu betonen, bei keinem ihrer anderen sechs Kinder getan, und die seien schließlich auch irgendwann, irgendwie zur Welt gekommen.
Einige Wochen vor der Geburt gab es einen Polizeieinsatz bei Bekannten des Herrn Iwanow. Es war zu einer Massenschlägerei gekommen, in die auch Herr Iwanow und die hochschwangere Frau Michalkow verwickelt gewesen waren. Herrn Iwanows Platzwunden wurden stationär behandelt oder sollten es ... Er wurde im Behandlungszimmer derart

gewalttätig, dass er zwei Krankenschwestern verletzte – die eine sogar so schwer, dass sie erst nach einigen Monaten wieder ihren Dienst aufnehmen konnte. Man stellte bei ihm einen Blutalkoholwert von 3,4 Promille fest. Es wurde noch einmal nachgemessen, weil man sich kaum vorstellen konnte, dass Herr Iwanow mit derart viel Alkohol im Blut überhaupt noch in der Lage gewesen war zu randalieren.
Da Frau Michalkow ebenfalls alkoholisiert wirkte, wurde auch bei ihr ein Test gemacht. Das Ergebnis war 2,4 Promille. Ein alarmierend hoher Wert.
Da sie auf der Behandlungsliege einfach einschlief, konnte man Frau Michalkow glücklicherweise ohne Diskussionen im Krankenhaus behalten. Ihr Sohn, Boris, kam am folgenden Tag zur Welt. Er war klein, unruhig, und die Ärzte hatten den begründeten Verdacht, dass Frau Michalkow nicht nur »dieses eine Mal«, wie sie erklärte, sondern mehrfach während der Schwangerschaft Alkohol getrunken hatte.
Nachdem sowohl Frau Michalkow als auch Herr Iwanow keinerlei Einsicht zeigten, sondern den Antrag auf Hilfe zur Erziehung wieder zurückzogen und erklärten, ihnen käme niemand ins Haus, der sich in alles einmischt, wurde Boris in einer Pflegefamilie untergebracht. Es gab regelmäßige Kontakte zwischen Eltern und Kind, die nach einigen Monaten nur noch sporadisch begleitet wurden. Etwa drei Jahre später wirkte es so, als hätten sich die Eltern stabilisiert. Das Jugendamt vertrat die Ansicht, dass die beiden älteren Kinder in naher Zukunft wieder zur Mutter zurückkehren könnten.
Bald darauf erklärte Frau Michalkow nach einem Besuchskontakt mit Boris, sie werde ihn nun nicht mehr zu den Pflegeeltern zurückbringen. Ihre beiden älteren Söhne seien wieder bei ihr, also gefälligst auch ihr jüngstes Kind.
Im Grunde war diese Schlussfolgerung ja durchaus nachzu-

vollziehen. Allerdings war Boris in einer anderen Situation als seine Brüder. Er war bei seinen Pflegeeltern aufgewachsen, empfand sie und seinen älteren Pflegebruder als seine Familie, hatte seine leiblichen Eltern nur alle vier Wochen für einige Stunden gesehen und sprach kein Wort Russisch.
Und seine Eltern kaum Deutsch.

Erstaunlich finde ich immer wieder, dass Menschen jahrelang in einem Land leben können, ohne die Sprache zu erlernen. Frau Michalkow lebte seit siebzehn Jahren in Deutschland, konnte zwar alltägliche Dinge wie Einkaufen selbständig erledigen, benötigte aber für Ämtergänge, Arztbesuche oder Elternsprechtage in der Schule jeweils jemanden, der für sie übersetzte.
Mit den beiden Jungen, die wieder bei ihr lebten, sprach sie allerdings auch in ihrem rudimentären Deutsch.
Als ich dies bei einem Hausbesuch ohne Dolmetscher feststellte und ihr sagte, sie dürfe ruhig trotz meiner Anwesenheit mit ihren Kindern Russisch sprechen, schaute sie mich sehr erstaunt an. »Russisch??«
Ich war kurz verwirrt. Das war doch die russische Familie …?
Ja, war sie.
Also lag es doch auf der Hand, Russisch zu sprechen. Oder …?
Oder etwa nicht?
So schauten wir uns also einen kaugummiartig langgezogenen Moment voller Erstaunen an.

Der älteste der beiden Jungen, Dimitri, kam uns zu Hilfe: »Wir können beide kein Russisch. Deshalb sprechen wir hier Deutsch.«
Ohmeingott … Wie tragisch war das denn? Und wie unverantwortlich vom Jugendamt. Bei einer notwendigen Heraus-

nahme von Kindern sollte man einen regelmäßigen und sinnvollen Kontakt zwischen Kindern und Eltern gewährleisten. Wie konnte es passieren, dass die beiden ihre Muttersprache verlernt hatten? Vor allem, wo doch offenbar eine Rückführung der Kinder zur Mutter wieder möglich gewesen war.
Und ähnlich verhielt es sich mit Boris, dem Jüngsten. Er hatte nie Russisch gelernt.
Allerdings hatte er bei den Besuchskontakten mit seinen Eltern auch von diesen kein Wort Russisch gehört. Sie hatten in ihrem höchst wackeligen Deutsch mit ihm gesprochen.
Ich begreife bis heute nicht, dass dies niemandem aufgefallen ist bzw. niemand sich dazu bemüßigt gefühlt hatte, eine Lösung für dieses Problem zu finden.

Frau Michalkow erklärte mir, sie habe gar nicht daran gedacht, Russisch mit ihren Kindern zu sprechen. Diese seien ja irgendwie deutsche Kinder, also habe sie sie eben auf Deutsch angesprochen.
Ich war einigermaßen fassungslos, denn ich kannte Frau Michalkows Deutsch. Sie konnte kaum etwas formulieren, was über »Bring mir die Milch«, »Komm her« und »Räum das weg« hinausging. Frau Michalkow sah allerdings kein Problem in der Sprachbarriere. Sie könne ihren Kindern sagen, was sie tun und lassen sollten, erklärte sie. Und sie verstehe alle Uhrzeiten, so dass sie immer wisse, wann ihre Kinder nach Hause kommen würden.
Mir dämmerte, dass sie auch in ihrer Muttersprache nicht mehr mit ihren Kindern kommuniziert hätte.
Herr Iwanow sprach etwas besser Deutsch als seine Lebensgefährtin. Aber er erklärte mir, dass Dimitri und Iwan ja nicht seine Kinder seien, sondern die von Frau Michalkow. Er habe im Grunde nichts mit ihnen zu tun. Und wenn er von der

Arbeit nach Hause komme, brauche er seine Ruhe. Sie dürften aber mit ihm fernsehen, wenn sie wollten. Da sei er gar nicht so …
Offenbar hatten die beiden Kinder keinen wirklichen Ansprechpartner zu Hause. Das gefiel mir gar nicht, und ich nahm mir vor, mit dem zuständigen Jugendamtsmitarbeiter darüber zu sprechen.
Nun ging es aber zunächst einmal um den kleinen Boris.
Ich vereinbarte mit den Eltern, dass ich beim nächsten Besuchskontakt dabei sein würde. Das war beiden Elternteilen sehr recht, denn dann würde ich ja sehen, dass Boris gar nicht mehr von ihnen wegwollte, wenn er bei ihnen sei. Er wisse schließlich, wo er hingehöre.
Das sah Boris allerdings irgendwie anders.

Ich hatte ihn schon in seiner Pflegefamilie besucht und ihn als recht gut entwickeltes Vorschulkind erlebt. Er war ein eher ruhiger Junge, baute gern mit Lego, liebte Hörspiele und malte stundenlang (gerade hatte er eine Autophase und produzierte Unmengen an Bildern mit Autos, Lkws und Parkhäusern). Von der Unruhe, die er nach der Geburt gezeigt hatte, war nichts mehr zu merken – und auch sonst wirkte es, als habe er den Alkoholkonsum seiner Mutter während der Schwangerschaft recht gut verkraftet. Was für ein Glück.

Als seine Pflegemutter ihn zu seinen Eltern brachte, stand Boris recht verloren im Flur und ließ seine Pflegemutter nur sehr ungern gehen. Nachdem seine Pflegemutter die Tür hinter sich geschlossen hatte, wurde Boris umgehend quasi unter den Fragen, Aufforderungen und Angeboten seiner Eltern begraben. Mutter und Vater sprachen die meiste Zeit gleichzeitig, versuchten sich zu übertönen, und nach einer mehrminütigen

Schleife aus »Gib Kuss! Du was essen? Komm her! Gib Kuss! Das essen? Warum das nicht essen? Iss das hier! Gib Kuss! Komm mit! Fernsehen? Essen? Gib Kuss!« hielt tatsächlich Frau Michalkow die eine und Herr Iwanow die andere Hand des Kindes. Und beide zogen ihn in unterschiedliche Richtungen. Das Ganze wirkte wie ein wenig einfallsreich gestaltetes Cover eines Ratgebers über Scheidungskinder.
Ich erlöste Boris, indem ich mich zu ihm kniete. Er schaute mich ein wenig erschrocken an. Wahrscheinlich befürchtete er, dass ich gleich ebenfalls einen Kuss einfordern und ihm diverse Dinge zum Essen aufdrängen wollte. Ich sagte ihm »Hallo« und hielt ihm die Hand hin. Frau Michalkow ließ los, Boris gab mir die Hand, und Herr Iwanow nutzte die Gelegenheit, seinen Sohn ins Wohnzimmer zu ziehen, wo er ihn auf das Sofa setzte: »Du jetzt essen.«
Zum ersten Mal sprach Boris.
Mit leiser Stimme sagte er: »Ich hab keinen Hunger. Ich möchte nichts essen.«
Die Art, wie er das von sich gab, ließ mich vermuten, dass er diese beiden Sätze hier sehr häufig sagte bzw. sagen musste.
»Warum du nichts essen? Wir extra gekocht für dich!« Herr Iwanow klang sehr vorwurfsvoll.
Frau Michalkow kam hinzu und stellte mit einem »Da!« ein Tablett mit diversen Schüsseln und Tellern vor Boris.
Er murmelte: »Ich hab keinen Hunger. Ich möchte nichts essen.«
Frau Michalkow klagte etwas Russisches, fühlte Boris' Stirn und schaute mich vorwurfsvoll an. »Krank! Kind krank!«
Herr Iwanow lamentierte, dass all das doch für Boris gekocht worden war und er das nun essen solle. »Russisches Essen! Gut für dich! Nix deutsches Zeug! Wir extra für dich gemacht. Du essen jetzt!«

Ich wollte gerade einschreiten, als Dimitri und Iwan nach Hause kamen. Auch sie baten Boris um einen Kuss, taten dies aber nur einmal und auch nicht mit der Vehemenz der Erwachsenen. Boris schien erleichtert, sie zu sehen, und wuselte hinter ihnen her in Iwans Zimmer.
Frau Michalkow und Herr Iwanow setzten sich auf das Sofa und schalteten den Fernseher ein. Sie starrten auf den Bildschirm, und ihr leerer Gesichtsausdruck ließ mich vermuten, dass sie umgehend vergessen hatten, dass gerade ihr jüngster Sohn zu Besuch war und sie doch eigentlich nun Zeit mit ihm …

Fast eine Stunde lang spielte Boris mit seinen großen Brüdern in Iwans Zimmer. Sie bauten mit ihm eine Autobahn, zeigten ihm, wie man kleine Autos driften lassen konnte, und begannen dann auf Boris' Bitte mit ihm zu malen.
Es war eine harmonische und nette Interaktion. Die beiden großen Brüder stellten sich als wirklich großartige Spielkameraden für Boris heraus. Aber ich musste nun der Spielverderber sein. Schließlich war ich hier, um die Interaktion der Eltern mit ihrem Kind zu beobachten. Diese hatte aber bislang lediglich exakt zehn Minuten gedauert und war davon abgesehen nicht gerade positiv verlaufen. Herr Iwanow und Frau Michalkow saßen seit über einer Stunde vor dem Fernseher und hatten nicht ein einziges Mal nach Boris geschaut.
Ich wartete noch eine weitere halbe Stunde, um ihnen die Möglichkeit zu geben, von selbst auf die Idee zu kommen, sich mit ihrem Sohn zu beschäftigen. Schließlich hatte ich ihnen vorab erklärt, warum ich beim Besuchskontakt dabei sein wollte.
Als nichts geschah, ging ich zurück zum Wohnzimmer und fragte, ob es möglich wäre, dass sie vielleicht etwas mit Boris

gemeinsam tun könnten. Herr Iwanow erklärte daraufhin: »Kein Problem. Darf mit uns fernsehen.«
»Vielleicht könnten Sie ja etwas im Kinderzimmer mit ihm machen. Malen oder etwas spielen?«
Frau Michalkow hatte mich nicht verstanden und ließ sich von Herrn Iwanow übersetzen. Die beiden diskutierten eine Weile (mich beschlich dabei das Gefühl, dass es unter anderem darum ging, dass ich nicht mehr alle Tassen im Schrank hatte) und begaben sich dann Richtung Kinderzimmer.
Herr Iwanow blieb im Türrahmen stehen. Ich glaube, er hatte diesen Raum noch nie betreten – und er hatte offenbar auch nicht vor, das zu ändern. Von der Tür aus wies er die Kinder an, jetzt aber mal aufzuräumen und nicht lauter Quatsch zu machen. Dann wandte er sich um und schlurfte wieder ins Wohnzimmer. Frau Michalkow hatte sich neben Boris gesetzt. Sie schaute auf das Feuerwehrauto, das dieser gerade malte.
»Was das?«
»Ein Feuerwehrauto.«
»Was???«
Dimitri erklärte mit Händen und Füßen und einem lauten »Tatütataaa«, bis seine Mutter verstanden hatte.
Sie sah abermals auf Boris' Bild.
»Das falsch!«
Sie nahm ihrem Sohn den Stift ab, strich sein gemaltes Feuerwehrauto durch und malte ein ihrer Ansicht nach »richtiges« Feuerwehrauto darunter.
Boris starrte auf das Papier.
Ich konnte nicht recht erkennen, was in ihm vorging. Ich vermute, er war schlichtweg überfordert und wusste nicht recht, ob er wütend, traurig oder was ganz anderes sein sollte.
Dimitri war es abermals, der die Situation rettete.

»Boris, ich geh mir was zu trinken holen. Magst du mitkommen?«
Und wie Boris mitkommen wollte! Ich schätze, weniger, um etwas zu trinken, als vielmehr, um nicht noch weitere Erklärungen seiner Mutter anhören zu müssen. Diese hatte sich nämlich Boris' andere Zeichnungen geschnappt und begonnen, auch hier durchzustreichen und zu verbessern.
Ich ging mit Boris, Dimitri und Iwan zur Küche. Dort stand Herr Iwanow mit einer Flasche Bier. Als er Boris sah, spulte er sein »Gib Kuss! Du was essen? Das hier essen, extra gemacht für dich! Gib Kuss!«-Programm ab. Mir schoss das Bild eines Frosches in den Kopf, der reflexartig seine Zunge ausfahren lässt, wenn er eine Fliege sieht. Ähnliches schien mit Herrn Iwanow zu geschehen, wenn er seinen Sohn sah. Er musste ihm einfach sagen, er solle ihn küssen und etwas essen, das doch extra für ihn gemacht worden sei.
Boris ignorierte seinen Vater, was dieser mit einem »Gibkusswarumdunixesse« kommentierte, bat Dimitri um ein Glas Apfelsaft und tapste dann hinter seinen Brüdern wieder den Flur entlang Richtung Kinderzimmer. Diesmal landeten sie in Dimitris Kinderzimmer, wo sich dieser an den Computer setzte und Boris auf seinen Schoß zog.
Ich warf einen Blick in Iwans Zimmer. Frau Michalkow saß noch immer dort und verbesserte Boris' Zeichnungen.
Dimitri klickte sich derweil durch diverse Autobilder und erklärte Boris die einzelnen Modelle mit ihren Vor- und Nachteilen. Dieser verstand sicher nur einen Bruchteil dessen, was sein großer Bruder da von sich gab, lauschte aber mit großen Augen und quietschte vor Freude, als er auch mal klicken durfte.
Iwan hatte sich einen Stuhl herangezogen und sah zu.
Frau Michalkow malte nebenan.
Im Wohnzimmer tönte wieder der Fernseher.

Frau Michalkow verließ nach einiger Zeit Iwans Zimmer, ging in die Küche und begab sich wieder in Richtung der Kinderzimmer. Sie tat dies aber nicht etwa, um in Dimitris Zimmer zu schauen, was die Kinder so trieben. Nein.
Als ich ein paar Minuten später nachsah, entdeckte ich Frau Michalkow in Iwans Zimmer. Sie saß dort mit einer Flasche Bier am Tisch und malte vor sich hin summend ein Haus mit Baum und Sonne.

In den drei Stunden, die Boris im Haushalt seiner Eltern verbrachte, hatten sich diese insgesamt etwa zwanzig Minuten mit ihrem Sohn beschäftigt. Als er abgeholt wurde, forderten sie ihn wieder mehrfach auf, sie zu küssen, etwas zu essen und doch mal herzukommen.
Boris küsste seine Eltern mechanisch, blieb stumm und sah meist zu Boden, wenn sie mit ihm sprachen.
Von Dimitri und Iwan verabschiedete er sich freundlich und strahlte, als ihm Iwan eins der Autos, mit denen sie gespielt hatten, leihweise mit zu seinen Pflegeeltern gab.
Als seine Pflegemutter zur Tür kam, sprang er in ihre Arme und vergrub seinen Kopf an ihrem Hals. So blieb er, bis sie ihn im Auto in seinen Kindersitz setzte.

Frau Michalkow erklärte im nachfolgenden Termin, sie habe doch »schön mit Boris gespielt«, als er da gewesen sei, und wisse gar nicht, was ich an dem Besuchsnachmittag auszusetzen hätte. Boris hätte sich doch nett mit ihr unterhalten und gar nicht mehr gehen wollen.
Möglicherweise war sie tatsächlich davon überzeugt. Dann musste es sich hierbei allerdings um eine extreme Form der subjektiven Wahrnehmung handeln. Vielleicht eher um eine Wahrnehmungsverzerrung. Oder so …

Auch Herr Iwanow verstand meine vorsichtig geäußerten kritischen Bemerkungen nicht: »Das schöner Nachmittag mit Boris gewesen. Ach, mein Sohn. Er lieber möchte hier. Sie verstehen? Das Sie sehen müssen. Er ist Russe, will hier leben. Nicht bei fremde Leute mit Deutsch und so. Falsches Essen die kochen und dumm sind.«
Frau Michalkow ließ durch die Dolmetscherin ausrichten, dass sie finde, dass ich keine Ahnung hätte. Sie mache alles richtig und sehe nicht, was sie im Umgang mit Boris anders machen könne. Wenn mir etwas nicht gefallen habe, dann liege das ausschließlich daran, dass Boris traurig sei, weil er nicht bei ihnen leben dürfe, sondern nun schon so viele Jahre bei »dummen fremden Leuten« sein müsse.

Nachdem ich aufgegeben hatte zu erklären, was die Eltern im Umgang mit Boris ändern könnten, damit er sich bei ihnen wohler fühlen könnte, versuchte ich ein Bewusstsein dafür zu wecken, dass die Pflegeeltern ja eben keine »fremden Leute« für Boris waren.
Frau Michalkow lachte kurz auf, verließ dann kopfschüttelnd den Raum, um in der Küche Bier zu trinken, kam kurz zurück, um noch einmal zu erklären, dass sie sich von niemandem sagen lassen werde, dass sie sich anders verhalten solle, und ging wieder in die Küche, wo sie bis zum Ende des Termins blieb.
Herr Iwanow begann mir zu erläutern, dass Boris problemlos schon am nächsten Tag von der Pflegefamilie zu ihnen ziehen könne. Dies würde ihm nichts ausmachen. Er sei ja noch viel zu klein, um eine Meinung oder ein Gefühl bezüglich seines Lebensmittelpunktes zu haben.
Ich fragte ihn nicht, wie das mit seiner Aussage, Boris wolle bei ihnen leben, zusammenpasse, sondern bat Herrn Iwanow

zum wiederholten Mal, doch die Anwesenheit der Dolmetscherin zu nutzen, um sie übersetzen zu lassen. Bei diesem wichtigen Thema wünschte ich mir sehr, dass wir uns zumindest inhaltlich wirklich verstanden. Herr Iwanow lehnte wie immer mit den Worten »zu anstrengend dem Dolmetsch« ab. Ich insistierte, woraufhin er erklärte, dass sein Russisch deutlich schlechter sei als sein Deutsch.
Oh … Tja, dann …
Die Dolmetscherin verabschiedete sich, und ich musste mich sehr bemühen, Herrn Iwanow konzentriert zuzuhören, denn ein Teil von mir war damit beschäftigt, sich vorzustellen, wie es sich anfühlte, in keiner Sprache so richtig kommunizieren zu können. Schrecklich.
Wenn ich mir Herrn Iwanow aber so betrachtete, schien ihn das nicht zu stören.

Er erklärte mir seine Sicht der Dinge, also wie er die kindliche Entwicklung sah: »Der Boris, er hat noch kein, also, kein … Nix Ahnung von nix. Er weiß nicht, was und wo und wie.« – »Herr Iwanow, Ihr Sohn ist immerhin fast fünf Jahre alt. Er weiß schon …« – »Ja, irgend so fünf, vier oder fünf er ist. Aber hat noch kein weiß nix, weil ist er noch klein. Wo … Wo ist seine feste Platz, oder wie kann man sagen? Er weiß doch selbst nicht. Da sein der andere Platz, wo der wohnt jetzt oder so. Dann aber, wenn er ist bei hier, dann ist hier. Dann weiß nix mehr komische fremde Leut, wo wohnt. Vergisst Kind, wenn hier. Er gar nichts wissen, er noch … Er weiß nichts. Wo sein Platz, wo sein Eltern, wo alles, weiß er nicht. Er zu uns gehören. Er unser Sohn, gehört … gehört uns der Sohn, weil unser! Nicht das von den da, wo jetzt! Unser Sohn! Unser!! Du ihm sagen: ›Das da deine Eltern!‹ Dann alles gut. Dann er leben hier und glücklich!«

Ich startete noch einen Versuch, Herrn Iwanow die Sicht seines Sohnes zu erklären, für den die Pflegefamilie sein gewohntes Umfeld und seine psychologische Familie war.
Ich scheiterte.
»Das UNSER Sohn! Du nicht wissen? Das UNSER! Anderes sind dumme Leute. Da nicht … Nicht richtig. So hier kommt. Das ist vier oder fünf, das Junge! Ist nicht … Der nix weiß. Nix kapiert. Dann kommen und sagt: ›Ja, hier.‹ Du … Das du machst richtig, weil sonst falsch! Er hier lebt jetzt und nicht da.«
Herr Iwanow war sehr aufgebracht, und mir wurde klar, dass weder seine Frau noch er ernsthaft in Erwägung gezogen hatten, dass Boris am Ende des Gerichtsverfahrens womöglich bei seinen Pflegeeltern bleiben würde. Offenbar dämmerte Herrn Iwanow nun so langsam, dass ich das ganz anders sah als er.
Ich erklärte ihm, dass ich dem Gericht empfehlen würde, Boris bei seiner Pflegefamilie zu belassen. Noch bevor ich meine Begründung erläutern konnte, beugte sich Herr Iwanow vor und zischte: »Du das machen, wie ich sagen. Sonst du bereuen. Ich Russe. Du gehört von Russenmafia? Sie kommen dich vernichten. Dich und deine Familie und deine Kinder und dein … alles. Ich Russe, und ich schicken Mafia zu dir. Boris wird sein hier, oder du wirst sein kaputt. Kaputt wie Auto kaputt. Ich erzählen Mafia, was du getan, dann du kaputt. Also, du machen, wie ich sage! Boris hier bei uns!«
Ich war froh über meine Berufserfahrung und die Tatsache, dass das nicht das erste Mal war, dass man mir drohte. Allerdings hatte bislang noch niemand die Mafia ins Spiel gebracht. Ebendiese Erwähnung veranlasste mich aber, es deutlich weniger ernst zu nehmen, als ich es getan hätte, wenn Herr Iwanow lediglich gesagt hätte, er selbst werde mich »kaputt machen

wie Auto kaputt«. Eine Verbindung des Herrn Iwanow zur Mafia hielt ich doch für zu absurd.
Heute überlege ich allerdings, ob ich damit wirklich richtiglag. Ich meine, wie konnte ich mir da so sicher sein? Während des Gespräches mit Herrn Iwanow hatte ich aber so gut wie keine Zweifel. Ich konnte mir Herrn Iwanow einfach nicht im organisierten Verbrechen vorstellen. Ehrlich gesagt konnte ich ihn mir in gar nichts vorstellen, das in irgendeiner Form halbwegs organisiert war.
Also blieb ich gelassen und erklärte ihm, dass dies für mich keine Gesprächsgrundlage darstelle und ich jetzt in seinem Sinne einfach mal davon ausgehen würde, dass er gerade emotional so belastet sei, dass er das Gesagte nicht ernst gemeint habe. Ich würde daher den Termin nun beenden und gerne telefonisch einen neuen Termin für ein Abschlussgespräch vereinbaren, um ihm meine Empfehlung an das Gericht verständlich zu machen.
»Ich werde holen Mafia, und du kaputt! Kaputt!! Wie Auto kaputt du sein wirst, wenn Boris nicht hier!«
Okay, ich hätte mir ein wenig mehr Kooperationsbereitschaft gewünscht, aber wenn ich mir vor Augen führte, dass Herr Iwanow nicht im Geringsten damit gerechnet hatte, dass ich empfehlen könnte, Boris solle bei seiner Pflegefamilie bleiben, hatte ich auch ein gewisses Verständnis für ihn. Nicht gerade für die Intensität seiner Drohung, aber doch für seine Enttäuschung und Verzweiflung.

Als ich einige Tage später erneut bei Herrn Iwanow und Frau Michalkow war, erschienen beide recht aufgeräumt. Frau Michalkow sah mich zwar hin und wieder vorwurfsvoll an und sprach wenig, nickte aber zustimmend, als die Dolmetscherin ihr übersetzte, was ihr Lebensgefährte sagte. Inzwischen war er zum »Du« übergegangen. Wenn man jemandem mal mit der Mafia gedroht hatte, dann hatte sich dadurch wohl eine gewisse Nähe eingestellt.

»Du ehrlich gewesen. Nix rumgelogen und gesagt, Kind kommt schon zurück. Wie Scheißjugendamt hat gelogen immer uns. Du nix gemacht so was. Du ehrlich.« Er machte eine kurze Pause und fügte hinzu. »Und du mutig. Nix Angst gekriegt vor Mafia.« Er grinste verlegen. »Wir Respekt.«

Die Eltern stimmten zu, dass Boris bei seiner Pflegefamilie bleiben könne. Zwar war ich insgesamt nicht so wirklich zufrieden mit der Situation der Familie, denn auf eine Hilfe zur Erziehung konnten und wollten sich Herr Iwanow und Frau Michalkow nicht einlassen. Sie würden ihr Verhalten Boris und den beiden anderen Kindern gegenüber wohl nicht ändern.

Im Gerichtstermin wurde auf mein Drängen eine Erziehungsbeistandschaft für Dimitri und Iwan eingerichtet. Ein Sozialpädagoge würde sich je nach Bedarf ein- bis dreimal pro Woche mit ihnen befassen und als Ansprechpartner für sie da sein, wenn sie Probleme oder Sorgen hatten.

Er würde auch hin und wieder bei den Besuchskontakten anwesend sein, um zu schauen, dass Boris durch die Besuche nicht belastet würde.

Frau Michalkow und ihr Lebensgefährte stimmten dem nur unter der Voraussetzung zu, dass der Sozialpädagoge sie »in Ruhe lassen würde mit Gerede«. Das war zwar ein fauler Kompromiss, aber besser als die bisherige Situation.

Verwandtschaftsangelegenheiten

Sieben Erwachsene und in etwa acht Kinder befanden sich im Wohnzimmer der Familie Kramer – aber so genau konnte ich das nicht sagen, es herrschte einfach zu viel Gewusel.

»Ficker!«, krähte ein etwa dreijähriger Junge. Zwei Mädchen im Grundschulalter kicherten, ein weiterer Dreijähriger kam ins Zimmer gerannt und schlug dem anderen kleinen Jungen eine Ninja-Figur auf den Kopf. Die beiden Kleinkinder begannen sich unter lautem »Ficker!«- und »Ey, Wichser!«-Gebrüll zu prügeln, und ich glaube, so manch ein Sechsjähriger hätte da nach kurzer Zeit keine Chance mehr gehabt.

Niemand der Erwachsenen nahm Notiz von den beiden Jungen.

Rums. Der volle Aschenbecher fiel zu Boden und zerschlug auf dem Weg eine Bierflasche.

Zwei Männer standen wortlos auf. Der eine packte die Kinder und trug sie in das Nebenzimmer, wie man Koffer in einen Abstellraum bugsiert, der andere holte eine neue Bierflasche. Im Nebenzimmer wurde der Fernseher eingeschaltet und etwas zu teuren Bierflaschen, die man nicht umzuwerfen hatte, gesagt. Der Mann kam zurück, setzte sich und zündete sich eine Zigarette an.

»Nun setzen Sie sich doch mal hin!« Eine Frau mit dreifarbigen Haaren, knallrotem Lippenstift und ebensolchen Fingernägeln klopfte neben sich auf das Sofa. Es staubte.

»Ich würde gern mit Herrn und Frau Kramer alleine sprechen.« Mit diesem Satz sorgte ich für große Erheiterung.

»Gute Frau, wir heißen alle Kramer!« Ein sehr dicker Mann in Feinrippunterhemd und Hosenträgern prostete mir zu.
Oje … Das würde schwierig werden.
Ich war bei Familie Kramer, weil ich vom Gericht beauftragt worden war, festzustellen, ob die Eltern der Kinder Jasmin und Jason erziehungsfähig sind. Falls nicht, sollte ich schauen, ob die Kinder dennoch mit einer Familienhilfe oder Ähnlichem weiterhin im Haushalt der Eltern bleiben können oder ob sie in Obhut genommen werden müssen.
Herr Kramer, der Vater, hatte noch vier weitere Kinder, von denen zwei bei ihren Müttern lebten und zwei schon erwachsen waren und eigene Familien hatten. Frau Kramer war Mutter von insgesamt acht Kindern, wovon Jasmin und Jason die beiden jüngsten waren und als einzige Herrn Kramer zum Vater hatten. Die anderen sechs Kinder lebten laut Gerichtsakte teilweise in Pflegefamilien, teilweise in eigenen Haushalten, weil sie schon volljährig waren, und eines der Kinder wohnte bei seinem leiblichen Vater. Die Familie war schon seit vielen Jahren beim Jugendamt bekannt, weil es in mehreren Generationen und Familienzweigen immer wieder zu Vorwürfen des sexuellen Missbrauchs und der Vernachlässigung von Kindern gekommen war – teilweise mit Verurteilungen und der Herausnahme einiger Kinder aus den entsprechenden Familien.

Meine Aufgabe bestand nun offenbar zunächst einmal darin, den Eltern zu erklären, dass ich mit ihnen alleine sprechen wolle, weil die Inhalte des Gespräches voraussichtlich recht privat werden könnten und auch keinesfalls für die Ohren der herumspringenden Kinder geeignet seien. Diese Erklärung leuchtete Herrn und Frau Kramer (und auch allen weiteren Anwesenden) ganz offensichtlich keineswegs ein, da ich aber nun einmal »die Frau vom Gericht« war, erklärten sie sich schließlich dennoch dazu bereit, mit mir alleine zu sprechen und den Besuch wegzuschicken. Dies war wohl nicht üblich, denn die Reaktionen reichten von »Wir sollen *wirklich* gehen? Jetzt?« über »Das ist doch Quatsch. Wir hören einfach weg« bis hin zu beharrlichem Schweigen, auf dem Sofa sitzen bleiben und dabei den Fernseher lauter stellen. Es dauerte zwanzig Minuten, bis tatsächlich alle Personen bis auf die Eltern die Wohnung verlassen hatten und ich mit dem Gespräch beginnen konnte.

Auf meine Eingangsfrage, wer diese Personen denn gewesen seien, wurde mir erklärt, dies sei »alles Verwandtschaft«. Meine Nachfrage ergab, dass die Verwandtschaftsverhältnisse durchaus kompliziert waren. Herr und Frau Kramer hatten teilweise unterschiedliche Auffassungen darüber, wer denn nun tatsächlich mit wem verwandt oder wer mit wem »zusammen« sei und wer bei wem wohne.
Frau Kramers Onkel war der Vater ihres ersten und dritten Kindes, Jasmins und Jasons Cousins waren gleichzeitig ihre Halbbrüder. Herr Kramer kommentierte dies so: »Wissen Sie, das ist ja eigentlich ganz praktisch, wenn das alles so in der Familie bleibt. Wenn Sie verstehen, was ich meine …« Ich verstand nicht, notierte mir aber, dass ich Herrn Kramer auf diesen Kommentar noch einmal ansprechen sollte.
Die Stiefmutter des vierten Kindes der Mutter war die älteste Tochter von Jasmins und Jasons Vaters. (Atmen Sie durch und lesen Sie diesen Satz noch einmal. Es ist im Grunde ganz einfach. Nur eben ungewöhnlich …)
Ich begann zu bereuen, dass ich mich nach den Familienverhältnissen erkundigt hatte, denn auch die weiteren Informationen, die ich erhielt, waren verwirrend bis grotesk.

Die zwanzigjährige Tochter der Nichte des Vaters, Jessica, hatte kurzzeitig eine Beziehung mit ihrem fünf Jahre jüngeren Cousin begonnen, diese aber wegen des Betreibers der Spielothek, in der sie ihre Nachmittage verbrachte, wieder beendet. Sie war derzeit mit ihrem ersten Kind schwanger, wie Herr und Frau Kramer am Abend zuvor erfahren hatten. Nun war unklar, wer der Vater des Kindes war. Jessica hatte behauptet, dass als Vater nur der Spielothekenbetreiber oder aber Herr Kramer in Frage kämen, was Herr Kramer vehement bestritt. Frau Kramer wusste nicht recht, was sie glauben solle, traute eigenem Bekunden nach ihrem Mann aber durchaus zu, mit Jessica ein Verhältnis gehabt zu haben, was wiederum Herrn Kramer dazu veranlasste, seiner Frau vorzuwerfen, sich ja auch ständig »vom Herrmann und vom Dietmar und allen betatschen und vögeln« zu lassen. Es entstand ein Streit darüber, wer wen mit wem warum und unter Einfluss von wie viel Alkohol betrogen hatte. Dabei wusste Frau Kramer teilweise besser Bescheid über die Fehltritte ihres Mannes als dieser selbst: »Das war nicht die Inge, mit der du an Hubis Geburtstag im Keller warst. Das war die Rita! Deshalb hab ich doch dann mit dem Ralf …«

Das war Herrn Kramer neu. »Mit dem Ralf?!?«, polterte er. »Ja, spinnst du? Und was hat das mit der Rita zu tun?«

Die weibliche Logik erschloss sich ihm nicht. Frau Kramer rollte nur mit den Augen und argumentierte damit, dass sie noch »locker mit dem ganzen Kegelclub in den Swingerclub gehen« könnte, da Herr Kramer zahlenmäßig in puncto sexueller Verfehlungen wohl einen deutlichen Vorsprung hatte. Zumindest ihrer Rechnung nach. Herr Kramer sah dies ganz anders.

Zwischen den beiden entbrannte ein wildes Wortgefecht.

Einigkeit herrschte bei den Eltern aber sofort, als das Gespräch auf die Fragestellung des Gerichts kam: Schuld an allem seien nur die blöden Lehrerinnen in der Schule, die sich an die noch viel blödere Frau vom Jugendamt gewandt hätten und nun gemeinsam lauter Lügen über sie verbreiten würden, die das ebenfalls blöde Gericht offenbar auch noch glaube. Sie seien ganz tolle Eltern, und ihren Kindern fehle es an absolut nichts. Jeder bewundere sie dafür, wie toll sie mit den Kindern umgehen könnten, und alle Vorwürfe der Lehrerinnen und des Jugendamtes seien ganz böse Lügen. So! Damit sei alles gesagt, ob ihre Verwandten jetzt endlich wieder reinkommen könnten?

Es wurde eine etwas mühsame Begutachtung, die aber für alle Beteiligten zufriedenstellend endete.
Bei Familie Kramer wurde eine Familienhilfe eingesetzt. Frau Hettler war eine resolute Frau Ende fünfzig, die je nach Situation einfühlsam sein oder aber höchst effektvoll lospoltern konnte. Herr und Frau Kramer sowie der Großteil ihrer Verwandtschaft kamen gut mit Frau Hettler aus und konnten erstaunlich viele ihrer Verbesserungsvorschläge umsetzen. Zwar blieb es dabei, dass sich meist Unmengen an Menschen in der Wohnung aufhielten, aber Frau Hettler hatte so etwas wie Struktur und sogar ein gewisses Verständnis für kindliche Bedürfnisse in die Familie gebracht.
Für Jasmin und Jason war Frau Hettler ein echter Glücksfall. Und ich wünschte, es gebe mehr von ihrer Sorte. Dass Frau Hettler allerdings wirklich jemals herausfand, wer mit wem in welcher verwandtschaftlichen Beziehung stand, zweifle ich stark an.

Keine Chance

Ich war sechzehn, als ich den Joel bekommen hab. Na klar war das zu früh. Aber was hätte ich denn machen sollen? Ich hab es viel zu spät gemerkt. Und selbst wenn ich es gleich gewusst hätte, ich glaube, ich hätte keine Abtreibung gewollt. Das ist doch irgendwie … So was finde ich nicht gut. Ich hab mich dann irgendwann auch gefreut auf ihn. Na ja, also, ich hab mir das nicht so anstrengend vorgestellt mit einem Baby. Das geb ich ja zu. Aber ich hab mich nach der Geburt immer gut um ihn gekümmert. Mir ging es nur so schlecht. Und dann musste ich einfach raus. Aber da war Joel bei meiner Freundin. Ich hab ihn nie alleine gelassen. Und ich hab immer geschaut, dass es ihm gutgeht. Wirklich! Das macht mich verrückt, dass mir niemand glaubt!«

Steffi Sander war mittlerweile zweiundzwanzig und hielt ihre elf Monate alte Tochter Lilly im Arm.

»Wissen Sie, seitdem Lilly da ist, ist alles noch schlimmer geworden. Ich hab irgendwie gedacht, dann bin ich nicht mehr so traurig, weil ich abgelenkt bin und ja Lilly hab. Aber so ist es nur manchmal. Ich muss jetzt eigentlich viel mehr an Joel denken als vorher. Weil er doch zur Familie gehört. Er sollte hier sein. Bei uns.«

Lilly brabbelte bestätigend und grinste ihre Mutter an. Frau Sander lächelte zurück und sprach kurz mit ihrer Tochter, bevor sie sich wieder mir zuwandte.

»Es ist einfach nicht richtig, dass Joel nicht hier ist. Es war nie richtig. Aber jetzt ist es einfach … unerträglich. Wir sind keine schlechten Eltern!«

Den Eindruck hatte ich auch.
Ich hatte in den vergangenen zwei Stunden erlebt, wie fürsorglich, liebevoll und verantwortungsbewusst Frau Sander und ihr Mann Ron mit Lilly umgegangen waren. Sie waren meilenweit davon entfernt, schlechte Eltern zu sein.
Herr Sander kam aus der Küche, stellte sich hinter seine Frau, die mir gegenüber am Tisch saß, und legte ihr seine Hände auf die Schultern. Sie griff mit ihrer rechten seine linke Hand und drückte sie. Die junge Frau holte tief Luft, hatte Tränen in den Augen und wiederholte: »Wir sind keine schlechten Eltern.«
Herr Sander küsste ihre Hand und sagte leise: »Und das waren wir auch nie.« Er sah mich an. »Wirklich nicht.«

Als Joel geboren wurde, war Herr Sander zwar ein Jahr älter als seine Freundin, aber ebenfalls noch minderjährig. Nach Bekanntwerden der Schwangerschaft hatten Steffis Eltern sofort erklärt, dass sie sich keinesfalls um das Kind würden kümmern können und ihre Tochter auch nicht bei der Versorgung unterstützen würden. Frau Sanders Eltern betrieben einen Kiosk und waren allem Anschein nach selbst ihre besten Kunden – zumindest was Spirituosen und Süßigkeiten betraf. Steffi zog bei ihren Eltern aus und zu Rons Familie, die deutlich gelassener auf die Nachricht der bestehenden Schwangerschaft reagiert hatte. Rons Vater war Sozialpädagoge und arbeitete in einer Werkstatt für Behinderte, Rons Mutter war Sängerin und trat auf Hochzeiten, Firmenfeiern und sonstigen festlichen Anlässen auf. Nur für Beerdigungen konnte man sie nicht buchen. Sie hatte es zweimal versucht, aber jedes Mal vor lauter Mitgefühl mit den Trauernden kaum singen können. In der Familie lebte noch Rons kleine Schwester, die damals vierzehn war und sich auf ein Baby im Haus freute. Ron selbst ging so wie Steffi noch zur Schule.

Alles schien trotz der viel zu frühen Schwangerschaft und Steffis Streit mit ihren Eltern gut zu laufen. Die Lehrer und Mitschüler der beiden hatten größtenteils verständnisvoll reagiert, und wenn alles gut lief, würde das Baby erst zu Beginn der Sommerferien zur Welt kommen, so dass Steffi noch das Schuljahr würde beenden können.
Doch als sie im achten Monat war, änderte sich Rons und Steffis Leben schlagartig.

Herr Sander lächelte mich an: »Ich hab in den letzten Jahren genug Termine bei meinem Therapeuten gehabt. Ich kann jetzt darüber sprechen.«
»Ron, bist du sicher?« Seine Frau sah ihn besorgt an.
»Ja, klar. Mach dir keine Sorgen.«
Er wandte sich an Lilly, die mittlerweile zwischen den beiden in einem Hochstuhl saß und einen Zwieback in mikroskopisch kleine Teilchen zerbröselte. »Gell, Lilly, die Mama muss sich keine Sorgen machen. Und du bröselst schön, gell?«
Lilly lachte und krähte ein »Jaaaaa …!«.
Ein schönes Bild: Herr und Frau Sander, die beide voller Liebe auf ihre Tochter schauen, sich danach anlächeln, und Lilly, die mit sich, der Welt und ihren Zwiebackbröseln zufrieden war.
Herr Sander räusperte sich.
»Das war wie in einem echt miesen Film. Also, zumindest kam es mir so vor. Auch als würde das alles gar nicht mir passieren. Als würde es mich nichts angehen. Mein Therapeut sagt, das wäre normal. Das würde man automatisch machen, damit man nicht kaputtgeht.«
Er hielt inne und begann seiner Tochter beim Zwiebackbröseln zu helfen.
»Steffi und ich waren gerade vom Arzt gekommen. Es war

sicher, dass es ein Junge wird. Das wollten wir meinen Eltern und meiner Schwester selbst sagen und nicht am Telefon. Wir sind zu mir nach Hause gefahren, und da kam gleichzeitig mit uns ein Polizeiwagen angefahren. Da hab ich mir noch nichts dabei gedacht. Aber die kamen mit uns zur Tür. Also, die wollten zu uns. Ich dachte, meine Schwester hat vielleicht was angestellt. Obwohl … Ich weiß gar nicht, ob ich überhaupt etwas dachte. Na ja, irgendwas wohl schon.«

Herr Sander hörte auf den Zwieback zu bearbeiten und wischte sich die Hände an seiner Jeans ab. Er sah seine Frau an. Sie lächelte ihm zu. Er holte tief Luft und setzte sich aufrecht.

»Meine Eltern hatten einen Autounfall. Stauende in der Kurve, ein Lkw hinter ihnen. Sie waren sofort tot. Ich bin froh, dass sie sofort tot waren. Das ist besser, als noch zu leiden. Meine Schwester war auch im Auto gewesen. Sie sitzt seitdem im Rollstuhl.«

Dieser Unfall hatte Rons und Steffis Leben vollkommen aus der Bahn geworfen. Neben dem Schock und der Trauer mussten sie nun lauter Dinge klären, mit denen sie sich komplett überfordert fühlten. Wohnungsauflösung, Besuche bei Rons Schwester, Beerdigung der Eltern, Suche einer Zukunftsperspektive …

Steffis Eltern boten zwar Hilfe an, aber es war sofort klar, dass dies eher eine Formsache als ein echtes Angebot war. Steffi und Ron lehnten dankend ab.

Allerdings gab es auf Rons Seite außer einem alten Onkel in Holland keine weiteren Verwandten. Die beiden waren auf sich allein gestellt.

So kam das Jugendamt ins Spiel. Es wurde für Ron, der ein halbes Jahr später volljährig werden würde, eine Wohnung in der

Nähe der Reha-Klinik seiner Schwester besorgt, die einen Vormund bekam. Für Steffi fand man einen Platz in einem Mutter-Kind-Heim. Das lag allerdings knapp zweihundert Kilometer von Rons Wohnung entfernt. Steffi hatte darum gebeten, bei Ron bleiben zu dürfen, aber die zuständige Mitarbeiterin des Jugendamtes hatte erklärt, dass das vollkommen unmöglich wäre. Also hatten Ron und Steffi darum gebeten, irgendeine andere Lösung zu finden, um nicht voneinander getrennt zu sein. Laut Jugendamt gab es diese Möglichkeit nicht.

Ich weiß, dass Mutter-Kind-Heime oft überfüllt sind. Und ich weiß auch, dass es nicht unbedingt ein solches Heim mit einem freien Platz in der Nähe von Reha-Kliniken gibt, aber ich hatte beim Lesen der Akte das Gefühl gehabt, dass man mit etwas mehr Engagement vielleicht doch eine bessere Lösung für die jungen Eltern hätte finden können.

Aufgrund der Entfernung konnte Herr Sander nicht bei der Geburt seines Sohnes dabei sein.

»Das war furchtbar. Ich wusste, Steffi braucht mich, und ich kam nicht weg. Jedenfalls nicht schnell genug.«

Frau Sander nickte und sah mich an.

»Wissen Sie, das war alles wirklich grässlich. Ich habe mich noch nie so alleine gefühlt. Ich hab gedacht, ich werde verrückt. Und ich hatte eine Scheißangst vor der Geburt. Und dabei auch. Das tat so weh, und Ron war nicht da und … Die Ärztin war nett und so, aber …«

Frau Sander machte eine fahrige Handbewegung. Sie stand auf, nahm Lilly behutsam aus dem Hochstuhl, setzte sie auf ihre Hüfte und gab ihr eine Rassel in die Hand. »Komm, meine Süße, wir gehen dir eine frische Windel machen, und dann kannst du mal Mittagsschlaf machen.« Lilly schüttelte die Rassel und quietschte.

Herr Sander sah seiner Frau und seiner Tochter hinterher. »Das hat sie alles noch nicht so gut verarbeitet. Sie macht jetzt auch eine Therapie. Aber sie hat ewig auf einen Platz gewartet und fängt erst in ein paar Wochen an. Sie war damals noch so geschockt vom Tod meiner Eltern und davon, dass meine Schwester nicht mehr laufen kann. Und dann konnten wir uns kaum noch sehen. Nur SMS schreiben und hin und wieder telefonieren. Und dann die Geburt und danach …«

Sowohl Ron als auch Steffi hatten sich bis zur Geburt ihres Sohnes erstaunlich gut gehalten. Vielleicht hatte aber auch nur der Schock so lange angehalten und einigermaßen für Ruhe in der Seele gesorgt.
Als Joel zwei Tage alt war, konnte Ron seinen Sohn endlich besuchen. Er hatte sich gefreut, stellte aber fest, dass ihn die Situation vollkommen überforderte. Seine Freundin litt an einer Wochenbettdepression, und seinen Sohn konnte er kaum auf dem Arm halten, aus Angst, er könnte ihm weh tun.
»Ich wollte ihn nur schnell wieder loswerden. Ich hatte plötzlich eine richtige Panikattacke und gedacht, ich lasse ihn jetzt womöglich fallen, und dann ist er tot. Oder ich drücke ihn zu fest, und er erstickt. Lauter so verrückte Gedanken. Mir war schon klar, dass das Blödsinn war, aber ich konnte nichts dagegen tun. Ich wollte den einfach nur schnell wieder der Schwester geben. Und dann lag Steffi da im Bett und war total blass. Sie sah so fremd aus … Sie hat die ganze Zeit nur geweint und wollte sich nicht umarmen lassen. Es war furchtbar. Ganz furchtbar. Ich bin dann einfach weggelaufen und hab mich zwei Wochen nicht gemeldet. Ich hab zu Hause im Dunkeln gesessen und noch nicht mal die Energie gehabt, mir zu überlegen, ob ich mich umbringen sollte. Ich … ich weiß

gar nicht, ob ich da was gegessen hab und so. Na ja, hab ich sicher, aber ich weiß es nicht mehr. Ich war einfach gar nicht mehr da.«

Das Jugendamt schrieb daraufhin einen Bericht, in dem stand, dass Herr Sander sowohl seine Freundin als auch seinen Sohn ablehne und keinerlei Interesse an den beiden habe. Er sei unreif und nicht dazu in der Lage, ein verantwortungsvoller Vater zu sein.

Steffi wurde ein paar Tage später aus dem Krankenhaus entlassen. Im Mutter-Kind-Heim versuchte man zwar, ihr zu helfen, aber sie war apathisch und sprach mit niemandem mehr. Zwar kümmerte sie sich um Joel, aber sie erledigte weder ihre Küchendienste, noch erschien sie zu den Gesprächen mit den Betreuern. Dreimal ließ sie Joel in der Obhut einer inzwischen befreundeten Mitbewohnerin und lief nachts stundenlang durch die Stadt.

Es war schrecklich. Und wurde noch schrecklicher.

Im Bericht des Jugendamtes stand:

»Frau Sander boykottierte den Gruppenalltag, verweigerte ihre Mitarbeit und kümmerte sich nur rudimentär um ihren Sohn. Sie ließ ihn mehrfach nachts alleine und zeigte deutlich, dass sie nicht dazu bereit war, Verantwortung für Joel zu übernehmen. Sie leidet unter einer psychischen Störung und ist insgesamt von ihrer Persönlichkeitsstruktur her unreif und labil. Es ist nicht davon auszugehen, dass Frau Sander jemals dazu in der Lage sein wird, sich ausreichend um ihren Sohn zu kümmern.«

Das Familiengericht wurde eingeschaltet. Im Alter von fünf Wochen wurde Joel in einer Pflegefamilie untergebracht.

Frau Sander war wieder ins Zimmer gekommen und setzte sich an den Tisch.
»Das Gute an dem Gerichtstermin war, dass wir uns wiedergesehen haben. Wir hatten vorher kaum Kontakt, weil wir beide einfach total am Ende waren. Dann die Entfernung und alles ... Erst im Gerichtssaal, als es hieß, dass uns Joel weggenommen wird und wir ihn nur alle sechs Monate für eine Stunde sehen dürfen, da sind wir irgendwie ein bisschen aufgewacht.«
»Und haben wenigstens uns wiedergefunden«, ergänzte Herr Sander und sah seine Frau liebevoll an.

Der Eindruck, den ich beim Lesen der Gerichtsakte bekommen hatte, bestätigte sich hier im Gespräch mit den jungen Eltern: Eine wirkliche Chance hatten die beiden nicht bekommen. Ich hatte schon während des Gespräches diverse Ideen gehabt, wie man hätte eingreifen und helfen können. Diese Ideen mussten doch auch in den Köpfen der damals beteiligten Fachleute gewesen sein. Warum hatte man die beiden nicht mehr unterstützt? Weshalb hatte man Joel sofort in einer Pflegefamilie untergebracht, ohne zu versuchen, ob es mit anderen oder intensiveren Hilfen noch eine Möglichkeit gab, ihn bei seinen Eltern aufwachsen zu lassen? Warum wurde er sofort in einer Pflegefamilie und nicht erst einmal in einer Bereitschaftspflegefamilie untergebracht? Und mit welcher Begründung durften die Eltern ihren Sohn nur alle sechs Monate sehen?
Ich benötigte dringend ein Gespräch mit dem damals zuständigen Jugendamt.

Frau Gruber konnte sich noch gut an den Fall »Joel« erinnern und war gerne bereit, Auskunft zu geben.

»Ja, das war ja von Anfang an klar, dass das nicht klappt. Das Mädchen war ja viel zu jung. Mit sechzehn kann man doch kein Kind bekommen! Und dann war sie ja auch noch depressiv. Also, ich bitte Sie. Psychisch krank und minderjährig. Das ist doch nichts für ein Kind. Sie wollte den Jungen ja auch gar nicht wirklich. Im Grunde haben wir ihr einen Gefallen getan. Und für Joel haben wir eine ganz reizende Pflegefamilie gefunden, die sich schon lange einen kleinen Jungen gewünscht hatte.«
Auf meine vorsichtige Frage, ob man der Mutter und auch dem Vater nicht vielleicht noch ein Hilfsangebot hätte machen können, reagierte Frau Gruber mit einem hysterischen Lachen.
»Das soll ja wohl ein Witz sein! Ich weiß ja nicht, wie viel Berufserfahrung Sie schon haben, aber ich kann Ihnen versichern: Minderjährige Mütter sind nie gut für Kinder. Nie! Und der Vater ... Der war ja auch völlig daneben. Er wollte seinen Sohn ja gar nicht auf dem Arm halten. Null Interesse hatte der. Ach, was erkläre ich hier noch? Ich mache diesen Job seit über zwanzig Jahren, und ich weiß, was ich tue. Das war so das Beste für das Kind. Minderjährige Eltern ... Also, ich bitte Sie! Vielleicht machen Sie mal ein Praktikum beim Jugendamt und sammeln ein wenig Erfahrung, gute Frau. Und jetzt stehlen Sie mir nicht länger meine Zeit!«
Sie legte auf.
Ich wählte erneut.
»Frau Gruber, hier noch einmal Seeberg ...«
»Ich habe wirklich keine Zeit mehr, Frau Seeberg. Und ich habe Ihnen auch alles gesagt. Ich verstehe wirklich nicht, was Sie noch wollen.«
»Mir ist klar, dass Sie keine Zeit haben. Deshalb bitte ich Sie, mir die entsprechende Akte zur Einsicht zur Verfügung zu stellen. Ich würde dann nächste Woche vorbeikommen.«

»Das können Sie vergessen!«
Sprach es und legte abermals auf.
Das war nun wirklich unglaublich.
Ich war wütend, denn mir war klar, dass das Jugendamt mir keine Einsicht in seine Akten gewähren muss, wenn es das nicht will. Theoretisch. Praktisch passiert war mir das aber noch nie. Bislang hatte sich jeder Jugendamtsmitarbeiter zumindest so kooperativ gezeigt, dass er mich in die Akte schauen und die nötigen Kopien machen ließ.
Und Frau Grubers Verhalten bestärkte mich in meinem Verdacht, dass die jungen Eltern keine wirkliche Chance bekommen hatten. Frau Gruber entsprach auf eine sehr traurige Art dem Klischee des bösen Jugendamtes, das Eltern einfach ihre Kinder wegnahm. Natürlich war die Situation zum Zeitpunkt von Joels Geburt schwierig gewesen. Und selbstverständlich war es damals notwendig gewesen, darauf zu achten, dass es Joel auch wirklich gutging, aber doch nicht auf diese Weise!
Ich rief den zuständigen Richter an und erkundigte mich nach meinen Möglichkeiten, doch noch einen Blick in die Akte zu werfen. Er versprach sein Möglichstes zu tun und meldete sich zwei Tage später wieder bei mir.
Was er erzählte, war wirklich unfassbar. Frau Gruber hatte ihm erklärt, die Akte sei »leider unauffindbar, möglicherweise versehentlich vernichtet worden«. Ich sah Frau Gruber vor mir, wie sie unter bösem Gekicher die Akte verbrannte und die Flammen ihr Gesicht noch fieser aussehen ließen, als ich es mir ohnehin schon vorgestellt hatte.

Nun gut. Es gab also keine Akte. Im Grunde war es auch nicht wirklich wichtig. Denn ob aus falschen Gründen oder nicht, Joel lebte seit mehr als fünf Jahren bei seiner Pflegefamilie. Der Fall lag aus Joels Perspektive ganz ähnlich wie der

von dem kleinen Boris: Auch er empfand seine Pflegeeltern als Eltern. Dort war sein Zuhause. Seine leiblichen Eltern hatte er sogar noch seltener gesehen als Boris die seinen.
Und doch war so vieles ganz anders.
Inzwischen war ich davon überzeugt, dass es nicht notwendig gewesen war, Joel von seinen leiblichen Eltern zu trennen. Mit der nötigen Hilfe und Unterstützung hätten diese sicherlich für ihn sorgen können. Aber die Zeit ließ sich nun einmal nicht zurückdrehen. Hier half nur, nach vorne zu schauen und nun das Beste aus der Situation zu machen.
Ich besuchte Joel bei seinen Pflegeeltern, dem Ehepaar Wieland. Joel sah seinem Vater frappierend ähnlich und war ein netter Junge mit einem ansteckenden Lachen. Damit ich noch in Ruhe mit den Pflegeeltern sprechen konnte, kam Frau Wielands Schwester vorbei und ging mit ihm auf den nahe gelegenen Spielplatz.
Herr und Frau Wieland hatten einen dicken Ordner auf den Tisch gelegt und erklärten, mit Joel hätte alles seine Richtigkeit. Sie hätten schon mit ihrem Anwalt gesprochen. Ich dürfe ihnen Joel nicht so einfach wieder wegnehmen. Noch bevor ich etwas erwidern konnte, brach Frau Wieland in Tränen aus: »Bitte! Bitte lassen Sie uns dieses Kind! Wir lieben Joel wie ein eigenes Kind. Und er ist hier glücklich. Glauben Sie mir!«
Ich hätte sie gerne beruhigt, aber sie ließ mich nicht zu Wort kommen.
»Wir hatten uns ursprünglich um eine Adoption beworben. Jahrelang passierte nichts. Und dann rief das Jugendamt an und sagte, sie hätten ein Kind für uns. Erst einmal zur Pflege, aber dann wäre das alles kein Problem, und wir könnten ihn ganz bald adoptieren. Ich wollte nie ein Pflegekind, weil ich diese Angst, dass ich es wieder hergeben muss, nicht ertragen kann. Und jetzt passiert womöglich genau das!«

Frau Wieland schluchzte und war vollkommen aufgelöst.
Und ich war fassungslos.
Das Jugendamt hatte einem Elternpaar, das ein Adoptivkind wollte, Joel vermittelt. Das war einfach ungeheuerlich. Zum einen, weil damit mehr als klar war, dass Frau Gruber schon bei der Vermittlung des Kindes eine Rückführung zu den leiblichen Eltern ausgeschlossen hatte. Und zum anderen, weil man das Ehepaar Wieland in eine Situation gebracht hatte, auf die sie nicht vorbereitet gewesen waren, ja, die sie ganz klar abgelehnt hatten. Wie hatte Frau Gruber ihnen sagen können, eine Adoption des Kindes sei kein Problem?
Hier war wirklich einiges schiefgelaufen!

»Frau Wieland, hören Sie, ich …«
»Ich bin wirklich am Ende meiner Kräfte. All die Jahre wollten wir ein Kind. Und dann kam Joel. Alles war gut. Aber wir wurden immer wieder vertröstet wegen der Adoption. Und dann haben wir erfahren, dass die Eltern den Kleinen gar nicht hergeben wollten! Das war ein Schock! Und dann haben die beiden geheiratet. Seitdem leben wir in ständiger Angst, dass man uns Joel wieder wegnimmt! Und jetzt, wo sie noch ein Kind haben und …« Sie schluchzte. »Ich habe Joels Eltern vor einem halben Jahr kennengelernt. Die sind ganz liebe Menschen. Die sind überhaupt nicht so, wie Frau Gruber immer gesagt hat. Aber da können wir doch nichts dafür! Ich verstehe nicht, was da schiefgelaufen ist, aber Joel gehört doch hierher. Bitte …«
Nun liefen auch Herrn Wieland Tränen über das Gesicht.
Ich wünschte, Frau Gruber würde sehen, nein, besser noch: erkennen, was sie da angerichtet hatte. So viel Angst und Sorge, so viel Schmerz.

Eine endgültige Lösung musste her. Dringend.
In meinem Kopf war diese Lösung schon jetzt vorhanden. Aber es würde nicht leicht werden, sie umzusetzen. Das würde nur möglich sein, wenn alle kooperierten und die Ehepaare Wieland und Sander mir ihr Vertrauen schenken würden. Dafür benötigte ich im Grunde Zeit, die ich nicht wirklich hatte.
Ich sah, wie belastet die Wielands inzwischen waren. Ich war mir zwar sicher, dass sie alles dafür taten, um Joel nicht spüren zu lassen, wie es ihnen ging, aber Kinder haben nun einmal sehr feine Sensoren, was die Stimmungen ihrer Eltern betrifft. Ich musste davon ausgehen, dass Joel die emotionale Belastung seiner Pflegeeltern nicht oder zumindest nicht mehr lange verborgen blieb.

Ich führte einige lange Gespräche mit Herrn und Frau Sander und auch mit Herrn und Frau Wieland, hielt den zuständigen Richter immer auf dem neuesten Stand und vereinbarte mit ihm, dass er einen Verfahrensbeistand für Joel einsetzen würde. Dieser ist sozusagen der Anwalt des Kindes und vertritt dessen Interessen vor Gericht. In diesem Fall brauchte ich ihn in erster Linie, um noch einen Gegenpol zu der unsäglichen Frau Gruber zu haben, die meine angedachte Lösung höchstwahrscheinlich boykottieren würde.

Ich war sehr glücklich darüber, dass sich Herr Kuben bereit erklärte, die Verfahrensbeistandschaft zu übernehmen. Er war genau der Richtige, um in dem demnächst stattfindenden Gerichtstermin Frau Gruber in Schach zu halten. Daneben freute ich mich einfach, wieder einmal mit ihm zu arbeiten, denn unser letzter gemeinsamer Fall war schon eine Weile her.

Das gemeinsame Gespräch mit allen Beteiligten – außer dem Jugendamt, das ich diesmal ausnahmsweise einfach nicht eingeladen hatte – verlief ausgesprochen positiv. Ich hätte im Anschluss daran am liebsten alle Beteiligten umarmt. Jeder einzelne von ihnen war ein Stück weit über sich hinausgewachsen, und am Ende hatten wir eine Lösung gefunden, die zwar nicht einfach umzusetzen war, aber das Beste für Joel – und daneben auch in gewisser Weise für die Erwachsenen. Obwohl diese sich etwas anderes gewünscht hätten.

Herr und Frau Sander hatten den schwierigsten Part. Sie mussten akzeptieren, dass Joel in seiner Pflegefamilie bleiben würde. Das war umso tragischer, weil die beiden wirklich kompetente Eltern waren. Das versicherte ich ihnen mehrfach. Und auch Herr Kuben sparte nicht mit Lob.

Wenn Eltern nur noch die Bedürfnisse ihres Kindes im Blick haben und ihre eigenen Wünsche für ihr Kind hintanstellen oder eben aufgeben, dann ist das immer etwas wirklich Großartiges, weil sich darin so viel Liebe widerspiegelt. Wenn das aber bedeutet, dass sie dabei auf ein Zusammenleben mit ihrem Kind verzichten müssen, bleibt leider ein schaler Nachgeschmack.

Herr und Frau Wieland, die so gerne ein Kind adoptiert hätten, verzichteten auf die Adoption und ließen sich darauf ein, weiterhin »nur« Pflegeeltern zu sein. Sie hatten nach wie vor große Verlustängste, sahen aber auch das Leid der leiblichen Eltern und Joels Recht darauf, diese ebenfalls in sein Leben zu integrieren. Sie sprangen über ihren Schatten und vereinbarten deutlich häufigere Besuchskontakte, die irgendwann auch zu Wochenendaufenthalten von Joel bei seinen leiblichen Eltern werden sollten.

Dass all das viel Konfliktpotential in sich bergen würde, war klar. Deshalb verständigten wir uns darauf, dass es regelmäßige Termine bei einer Beratungsstelle geben sollte. So könnten Missverständnisse, aufkommende Ängste und berechtigte Sorgen so früh wie möglich mit professioneller Hilfe besprochen und bestenfalls beseitigt werden.

Frau Wieland fasste das Ganze am Ende sehr berührend zusammen: »Also, im Grunde haben wir doch alle etwas gewonnen. Joel kann seine leiblichen Eltern häufiger sehen. Sie (dabei griff sie Frau Sanders und Herrn Sanders Hand) sollen zu seinem Leben gehören und ihn ab jetzt viel häufiger sehen. Und wir beide (sie sah ihren Mann an) können uns sicher bald damit anfreunden und uns für Joel freuen, dass da noch zwei Menschen in seinem Leben sind, die ihn lieben und auf die er sich verlassen kann.«

Ich habe schon einige Male einen Kloß im Hals gehabt bei Begutachtungen, und es kam auch vor, dass ich mich bemühen musste nicht zu weinen. Das hier war aber das erste Mal, dass es aus Rührung geschah.

Hätte ich diese Szene in einem Film gesehen, hätte ich wahrscheinlich gedacht, dass der Regisseur da nun aber wirklich ein bisschen dick aufgetragen hat. Es fehlte wirklich nur noch, dass sich alle an die Hände nehmen und in den Sonnenuntergang laufen …

Aber das hier war real. Und wirklich ganz und gar wunderbar. Sogar Herr Kuben machte keine Scherze, sondern bedankte sich herzlich bei allen Beteiligten für ihre Besonnenheit und die wirklich gelungene Zusammenarbeit.

Als wir nach dem Termin noch kurz auf der Straße standen, war er aber wieder ganz der Alte. »Mensch, Frau Seeberg, da haben Sie aus der Begutachtung glatt einen Pilcher-Roman

gemacht. Meine Hochachtung!« Er grinste. »Jetzt müssen wir nur noch die böse Schwiegermutter, äh, Jugendamtstante bekehren, und alles ist gut.«
Daraus wurde aber nichts. Als ich Frau Gruber über unser Gespräch informierte, war sie höchst empört über die von uns erarbeitete Lösung und kündigte an, »entsprechende Schritte einzuleiten«. So etwas Absurdes habe sie in ihrer gesamten Berufstätigkeit nicht erlebt. Das Kind solle adoptiert werden, und die leiblichen Eltern sollten froh sein, dass sie ihr »neues Kind« behalten dürften. Weitere oder gar erweiterte Besuchskontakte der leiblichen Eltern mit Joel seien Unsinn. Sie werde nicht zulassen, dass solche »seltsamen Vereinbarungen« tatsächlich umgesetzt würden. Sie legte wieder auf, ohne sich zu verabschieden oder mich noch einmal zu Wort kommen zu lassen. Aber daran hatte ich mich mittlerweile gewöhnt.
Glücklicherweise kannte der Richter den Leiter des Jugendamtes schon viele Jahre. Nach einem inoffiziellen Gespräch der beiden wurde Frau Gruber der Fall umgehend entzogen und sie in eine andere Abteilung versetzt, wo sie hoffentlich weniger Unheil anrichten konnte. Irgendwie hoffte ich insgeheim, es würde die Jugendamtskantine sein.

Das neue Konstrukt der beiden Familien funktionierte ausgesprochen gut. Schon bald waren keine Termine in der Beratungsstelle mehr notwendig, und ich erhielt von den Pflegeeltern anderthalb Jahre später ein Foto von Joels Einschulung, auf dem er zwischen seinen Pflegeeltern und seinen leiblichen Eltern stand und strahlte. Auf der Rückseite stand: »Wir sind nun eine große Familie. Vielen Dank für alles.« Alle hatten unterschrieben. Sogar die kleine Lilly mit einem Fingerabdruck.

Mann mit Spinne

Siebter Stock. Vielleicht hätte ich doch den Aufzug nehmen sollen.
Neunter Stock. Ich sollte mal wieder Sport machen. Dringend.
Zehnter Stock. Ich hätte auf jeden Fall den Aufzug nehmen sollen! Dann müsste ich jetzt auch nicht über diesen dicken Mann klettern, der mitten auf der Treppe seinen Rausch ausschläft. Zumindest nehme ich an, dass zu viel Alkohol der Grund dafür ist, aus dem er vor mir auf dem Boden liegt und laut schnarcht. Eine tolle Akustik hat dieses Treppenhaus.
Elfter Stock. Ich mache mal besser eine Pause, sonst komme ich völlig atemlos bei Herrn Paal an und kann ihm noch nicht einmal guten Tag sagen, ohne ohnmächtig zu werden.
Zwölfter Stock. Wo ist der verdammte Lichtschalter? Warum gibt es in diesem Treppenhaus kein Tageslicht? Was war das feuchte Etwas, in das ich gerade hineingefasst habe?
Dreizehnter Stock. Warum hab ich nicht früher daran gedacht, dass ich eine Taschenlampen-App habe?
Fünfzehnter Stock. Ich fordere Namensschildpflicht für alle deutschen Haushalte. Okay, für Haushalte, in denen Menschen wohnen, die ich begutachten soll.

Ich musste bei drei Wohnungen klingeln, bis ich die richtige erwischte. Na ja, zumindest war ich jetzt nicht mehr außer Atem.
Herr Paal öffnete mir, bekleidet mit einer grellrosa Jogging-

hose und einem Feinrippunterhemd (immerhin ohne die obligatorischen Ei-Kaffee-Flecken).
»Da sind Sie ja! Kommen Sie rein in die gute Stube!«, trompetete er. Meine Güte, hatte dieser Mann eine laute Stimme! Und einen sehr dicken Bauch. Und eine sehr individuell gestaltete Wohnung …
Wie in einer amerikanischen Sitcom befand ich mich direkt in seinem Wohnzimmer. In dessen Mitte stand eine knallrote Couch. Das sah sicher prima aus, wenn Herr Paal mit seiner rosa Jogginghose auf dem roten Polster saß. An den Wänden hingen überdimensionale Aktgemälde, die verdächtig danach aussahen, als hätte Herr Paal sie selbst angefertigt. Dort, wo keine nackten Frauen mit bizarr falschen Proportionen und gruselig irren Gesichtszügen hingen, waren die Wände voll mit Regalen, in denen … Ich sah genauer hin.
In diesem Raum standen mindestens fünfundzwanzig Terrarien. Soweit ich das erkennen konnte, waren sie alle bewohnt. Von Vogelspinnen.

Ich habe keine Spinnenphobie oder Ähnliches. Ich finde nur Vogelspinnen einfach nicht schön. Man könnte auch sagen, unangenehm. Vor allem in diesen rauhen Mengen.
Sie befanden sich zwar alle in Terrarien. Aber konnte ich mir sicher sein, dass Herr Paal nicht ab und an vergaß, eins der vielen Terrarien zu schließen?
Ich hatte offenbar zu lange auf Herrn Paals Zoo gestarrt, denn er klopfte mir jovial auf die Schulter und brummte: »Na, na, gute Frau. Sie müssen keine Angst haben. Die tun nichts.« Er lachte laut und brüllte: »Die wollen nur spielen! Haaahaha …!«
Oh. Mein. Gott.
»Na, Spaß muss sein, sag ich immer. Hahaha …!«

In meinem Kopf entstand eine »Oh. Mein. Gott.«-Gedankenschleife, auf der sich pinkfarbene Vogelspinnen tummelten. Manche hatten eine Staffelei unter dem Arm und Pinsel in der Hand.
»Setzen Sie sich mal! Ich hab Kaffee gemacht.«
Tatsächlich standen auf dem Couchtisch (hellrotes Plastik) zwei Becher. Der eine trug die Aufschrift »Ich bin aufgestanden und angezogen. Was willst du mehr?«, der andere »Jemand muss den Job ja machen«. Was für eine passende Auswahl. Herr Paal hatte offenbar Humor …

Er verschwand und kam mit einem Tablett (lila) zurück, auf dem sich eine Thermoskanne (weinrot mit lila Punkten) sowie eine Zuckerdose (rosafarben, in Form einer weiblichen Brust) befanden.
Ich hatte das Bedürfnis, für ein paar Sekunden die Augen zu schließen. Aber das tat ich natürlich nicht. Stattdessen bedankte ich mich für den Kaffee.
Und schrie auf.
Etwas Haariges hatte meinen Hals berührt!
Herr Paal lachte sich schlapp und trompetete: »Ich mach mir gleich in die Hose! Hahaha … Das macht die Mausi dauernd! Als hätte ich sie darauf trainiert! Herrlich!« Er wischte sich die Lachtränen aus dem Gesicht. »Das ist immer so komisch, wenn sich die Leute so erschrecken!«
Ja. Irre komisch.
Inzwischen war mir auch klar, dass ich keine Spinne an meinem Hals gespürt hatte, sondern Herrn Paals Katze Mausi.
Ich hätte gern einen großen Schluck Whiskey in meinem Kaffee gehabt. Oder etwas Kaffee in meinen Whiskey.

Hin und wieder denke ich, dass Hausbesuche doch nicht so das Wahre sind … Es gibt vereinzelte Kollegen, die ihre Begutachtungen vollkommen ohne Hausbesuche durchführen. Ich möchte auf diesen zusätzlichen Informationsgewinn im Grunde nicht verzichten, zumal es ja häufig auch um den Zustand der entsprechenden Wohnungen geht. Aber manchmal wäre es doch wünschenswert, einfach im eigenen sauberen Büro zu sitzen und sich an der Abwesenheit von hellroten Plastikmöbeln und Vogelspinnen zu erfreuen. Und jetzt gerade war manchmal.

Herr Paal tätschelte meine Hand. »Sie entschuldigen, ja? Das war aber auch zu lustig gerade. Nichts für ungut, gell?«
Ich zog meine Hand weg, zwang mich zu einem halbwegs freundlichen Lächeln und begann mit der Begutachtung.
Herr Paal hatte bei Gericht einen Antrag auf die alleinige elterliche Sorge für seinen Sohn Marvin gestellt. Laut Schreiben seiner Anwältin hielt er Marvins Mutter für psychisch äußerst labil, zu sehr dem Alkohol zugeneigt und insgesamt nicht dazu in der Lage, den inzwischen elfjährigen Marvin zu erziehen. Der Junge sollte bei ihm leben und seine Mutter an den Wochenenden besuchen.
Ich bat Herrn Paal mir zu schildern, was sechs Jahre nach der Trennung der Anlass für seinen Antrag gewesen sei. Immerhin hatte es zumindest laut Gericht und Jugendamt bislang nie Probleme gegeben.
»Na, weil die mich nervt ohne Ende!«
»Könnten Sie das etwas genauer erklären?«
»Dauernd will sie, dass ich mit zu den Elternsprechtagen komme, oder wie das heißt. Und dann gibt's da noch so Abendveranstaltungen in der Schule, wo man mit den anderen Eltern rumsitzt und sich langweiliges Gelaber von den

Lehrern anhören muss. Da sollte ich dann auch mitkommen. Und all so was. Das nervt ganz schön! Und dann hat sie sich letztens bei der Biggi, also bei meiner Freundin, beschwert, dass ich mich nicht genug um den Jungen kümmern würde. Ja, und da hat's mir dann gereicht.«

»Und daraufhin haben Sie den Antrag gestellt?«

»Jepp.«

»Weil es Ihnen gereicht hat …?«

»Sie haben's erfasst, junge Frau.«

»Aber Ihre Anwältin hat erklärt, dass Marvins Mutter wahrscheinlich nicht erziehungsfähig …«

»Jaaaa, das dürfen Sie nicht so eng sehen. Da musste ich ja was sagen als Begründung. Verstehen Sie? Da kann man ja nicht einfach reinschreiben ›Hiermit beantrage ich die elterliche Sorge, weil mich meine Ex so nervt‹. Das geht ja nicht. Meinte zumindest meine Anwältin. Und die muss es ja wissen.«

»Wenn ich Sie richtig verstehe, dann haben Sie aber genau das getan, Herr Paal.«

»Ja. Richtig! Und wissen Sie was? Das hat super gewirkt. Das war die beste Idee, die ich seit langem hatte. Noch besser als die mit dem sich selbst füllenden Bierfass.« Herr Paal lachte dröhnend. »Obwohl das auch eine saugute Idee war! Überlegen Sie mal, ein Bierfass, das nie leer wird. Das ist doch wie im Paradies! Bier für alle und für immer! Warten Sie, das schreib ich auf. Das ist ein toller Werbeslogan.«

Herr Paal kritzelte seinen Bier-für-immer-Satz auf einen Kassenbon, den er aus der Tasche seiner Jogginghose gefischt hatte.

Ich war dankbar für die Unterbrechung und versuchte, Herrn Paal wieder zum Thema zurückzuführen.

»Herr Paal, wegen Ihres Antrags …«

»Großartig, sag ich Ihnen! Also, wissen Sie, da bin ich wirk-

lich ein bisschen stolz auf mich. Jetzt lässt sie mich nämlich mit dem ganzen Elternabend-Schul-Quatsch in Ruhe.« Herr Paal lehnte sich zurück, verschränkte die Arme hinter dem Kopf und lächelte zufrieden.
»Das heißt, Sie wollen gar nicht …«
Herr Paal unterbrach mich. »Die elterliche Sorge? Nee!! Die will ich nicht! Gott bewahre! Das soll mal schön alles so bleiben, wie es ist! Der Junge bleibt bei ihr wohnen und besucht mich ab und zu. Und was das Wichtigste ist: Meine Ex nervt mich nicht mehr mit diesem Kümmer-dich-mal-Gelaber und so 'nem Kram. Und die wird sich jetzt auch gut überlegen, ob sie noch mal bei der Biggi über mich herzieht. Nee, nee … Das lässt die jetzt schön bleiben. Alles bleibt beim Alten, und ich hab wieder meine Ruhe. Herrlich!«
Am liebsten hätte ich ein Gutachten geschrieben, an dessen Ende die Empfehlung stand, dass Herrn Paal ab sofort die alleinige elterliche Sorge übertragen werden sollte. Vielleicht noch mit einer Auflage, bei keinem Elternabend zu fehlen. Einfach nur um sein dummes Gesicht zu sehen. Und dann hätte ich ihm lachend auf die Schulter geklopft, ihm mit einer pinkfarbenen Plastiktasse zugeprostet und so etwas wie »Spaß muss sein!« oder »Nichts für ungut, gell?« gesagt.
Ich versuchte Herrn Paal die Problematik seiner Vorgehensweise zu erklären, aber er verfügte weder über Einsicht noch über Selbstkritik.
»Na, jetzt seien Sie mal nicht so negativ. Ist doch alles kein Problem. Der Marvin bleibt, wo er ist. Ich werde nicht mehr vollgenörgelt von meiner Ex. Und alle sind glücklich! Das nenn ich einen perfekten Plan!«
Ich gab auf.
Herr Paal bastelte sich sein eigenes rosarotes Universum mit lustigen Herrn-Paal-Regeln und verschwendete offenbar kei-

nen Gedanken daran, dass man die Dinge möglicherweise auch anders sehen konnte. Im Gegenteil: Er saß hochzufrieden auf seinem Sofa und klopfte sich selbst auf die Schulter. Und wenn ich ehrlich bin, dann beneidete ich ihn in diesem Moment ein kleines bisschen um seine Ignoranz.

Die Insektensammlerin

Es ist gut, wenn Lehrer aufmerksam sind und etwas unternehmen, wenn sie das Gefühl haben, mit einem Kind stimmt etwas nicht. In vielen Fällen haben Lehrer geholfen, die Lebensverhältnisse von Kindern zum Positiven zu verändern, indem sie über ihren eigenen Schatten gesprungen sind und sich beim Jugendamt gemeldet haben, wenn sie den Eindruck hatten, dass im Zuhause eines Kindes etwas nicht in Ordnung ist.

Ich bin meistens wirklich froh, dass es derart engagierte Lehrer gibt.

Im Fall von Margaretha Krüger hatte sich die Klassenlehrerin sogar selbst auf den Weg zum Jugendamt gemacht. Sie war eines Nachmittags dort erschienen und hatte ihre große Sorge bezüglich Margaretha geäußert. Der zuständige Mitarbeiter hatte alles sorgfältig protokolliert und umgehend eine Mitteilung an das Familiengericht geschrieben, in der er forderte, den Eltern von Margaretha die elterliche Sorge zu entziehen. Im kurz darauf stattfindenden Gerichtstermin wurde dann beschlossen, dass ein Sachverständigengutachten eingeholt werden solle. Und zwar von mir.

In der sehr dünnen Gerichtsakte befanden sich die richterliche Frage nach der Erziehungsfähigkeit der Eltern und das Schreiben des Jugendamtes. In diesem hieß es, Margaretha falle durch »geistige Abwesenheit im Unterricht, absurde Ideenäußerungen und fehlende Wettbewerbsgedanken« auf.

Aha … Ein konkretes Bild von Margarethas Problemen konnte ich mir noch nicht so wirklich machen.

Ich las weiter.
Sie besuchte die erste Klasse der Grundschule. Margarethas Eltern, so der Bericht, seien zwar gesprächsbereit, jedoch nicht einsichtig. Offenbar seien sie »nicht dazu in der Lage, die Verhaltensauffälligkeiten ihrer Tochter zu erkennen«.
Wenn ich doch nur wüsste, was *genau* dieses Kind so auffällig machte!
Da. Auf Seite zwei stand es: »Margaretha fällt vor allem dadurch auf, dass sie in einem weit über das übliche altersgemäße Maß hinaus Insekten sammelt.«
Ich sah ein kleines Mädchen vor mir, das einen riesigen Leiterwagen voller Insekten hinter sich herzog und immer neue Viecher einsammelte und hineinwarf.
Ich las den Satz noch einmal.
Als Diplom-Psychologin und Sachverständige sollte ich wahrscheinlich wissen, was das »übliche altersgemäße Maß des Insektensammelns« für eine Erstklässlerin ist. Tat ich aber nicht. Da hatte ich wohl an der Uni gefehlt …

Ich beschloss zunächst einmal mit der Lehrerin zu sprechen, um Genaueres zu erfahren.
Frau Drechsler war eine vielbeschäftigte Frau. Zumindest nahm ich das an, denn sie war nie zu erreichen.
Ich kenne die Problematik der Erreichbarkeit von Lehrern weiterführender Schulen und bin daran trotz allem Verständnis häufig verzweifelt. Bei Grundschullehrern hatte ich diese Schwierigkeiten bislang nicht gehabt. Aber Frau Drechsler war entweder im Unterricht, in Elterngesprächen oder als Pausenaufsicht eingeteilt. Nach tagelangem Hinterhertelefonieren hatte ich endlich Erfolg. Frau Drechsler lief genau in dem Moment am Sekretariat vorbei, als ich anrief. Vor meinem geistigen Auge warf sich die Sekretärin um die Beine von

Frau Drechsler und brachte sie so zu Fall, nur um ihr dann gewaltsam den Telefonhörer an den Kopf zu drücken.

»IchhabenurzweiMinutenfürSie!«
Ich nannte schnell meinen Namen und mein Anliegen und wollte gerade nach konkreten Verhaltensauffälligkeiten und vor allem der genauen Menge der gesammelten Insekten fragen, als mich Frau Drechsler unterbrach.
»Also, das ist ja eine Ka-ta-stro-phe mit diesem Mädchen! Vollkommen gestört, das Kind. Ich weiß gar nicht, wie ich das den anderen Kindern erklären soll! Also, wenn Sie mich fragen, dann muss das Mädchen ganz schnell aus diesem Umfeld heraus. Das ist ja nicht mehr …«
»Entschuldigen Sie, dass ich Sie unterbreche, Frau Drechsler. Aber könnten Sie mir bitte etwas genauere Informationen …«
»Ja, wissen Sie, dieses Mädchen, also … Dieses ständige Insektensammeln! Das ist doch krankhaft. Da muss man doch was tun! Und die Eltern … Also, der Vater … Ich bitte Sie …«
Ich musste noch einmal nachhaken.
»Frau Drechsler, wie viele Insekten sammelt Margaretha denn so? Könnten Sie …«
»Unmengen, sag ich Ihnen! So etwas können Sie sich nicht vorstellen! Das ist wirklich sehr gestört! Und für die anderen Kinder ist das ja auch problematisch, wenn sie mit so einem Verhalten konfrontiert sind. Und die Eltern von dem Mädchen haben ja überhaupt keine Einsicht! Völlig beratungsresistent, sage ich Ihnen. Völlig! Da ist nichts zu machen. Ich hab es ja versucht, aber diese Leute … Na, das werden Sie ja schon noch selbst sehen. Ich würde da ja nicht alleine in die Wohnung gehen. Nehmen Sie da lieber jemanden mit! Die Mutter einer Klassenkameradin wohnt da in der Nähe, und

was die mir schon für Geschichten erzählt hat. Ich halte diese Leute für sehr gefährlich.«

Ich nutzte eine minimale Atempause der Lehrerin: »Gefährlich? Inwiefern denn?«

»Na, diese ganzen Waffen! Und diese dunkle Kleidung und all das. Ich habe einen Artikel gelesen: In Amerika gibt es kugelsichere Tornister. Die können sich die Kinder dann wie einen Schutzschild vor sich halten. Ich werde anregen, dass solche Schultaschen bestellt werden. Nur zur Sicherheit. Bei solchen Menschen weiß man nie. Oh, es hat geläutet. Ich muss in die Klasse. Auf Wiederhören. Und passen Sie auf sich auf!«

Sprach es und legte auf.

Ich tat das, wovon ich immer geglaubt hatte, es sei eine alberne Erfindung und *niemand* würde das jemals tun: Ich schaute verwundert das Telefon an, das ich noch in der Hand hielt. Vielleicht *muss* man nach einer bestimmten Art von Gespräch einfach jemanden oder etwas verwundert anschauen. Und ich finde, da ist ein Telefon ein guter Partner. Das schaut nämlich ganz genauso erstaunt und verständnislos zurück. Da fühlt man sich doch gleich verstanden.

Ich hörte auf, mein Telefon anzustarren, und wandte mich meinen Gesprächsnotizen zu. Mein Bild von Margaretha und ihren Eltern war nicht klarer, sondern noch verworrener geworden.

Wie lebte diese Familie? In einem düsteren Schloss, in dem sich ein Waffenarsenal und mehrere Tonnen gesammelter Insekten befanden? Trug der Vater einen langen schwarzen Mantel und war jederzeit bereit, in die Grundschule zu marschieren und Amok zu laufen?

Vor mir stand ein sicher zwei Meter großer Mann mit schwarzen langen Haaren und einem Dreitagebart. Er trug ein schwarzes T-Shirt, schwarze Hosen, klobige schwarze Stiefel und einen langen schwarzen Mantel.

»Hallo, ich bin Herr Krüger. Kommen Sie herein. Ich bin auch gerade erst nach Hause gekommen.«

Immerhin. Das erklärte, warum er den Mantel trug.

Beruhigend. Irgendwie …

»Schatz! Die Frau Seeberg ist da. Kommst du?«

»Ich bin gleich daaaahaa …!«, klang es dumpf vom anderen Ende der Wohnung.

Ich erwartete eine schwarz gekleidete Frau. Vielleicht mit blauen Haaren oder massenhaft Piercings im Gesicht.

Hoch leben die Vorurteile!

Nur wenige Augenblicke später nahm ich mir vor, mich zu schämen, wenn ich mit diesem Termin fertig war. Frau Krüger war eine zierliche Frau in Jeans und einem dunkelgrauen T-Shirt. Ihre keineswegs blauen, sondern dunkelbraunen Haare hatte sie mit einem Haargummi aus dem Gesicht gebunden. Sie streckte mir ihre Hand hin.

»Hallo! Ich bin Frau Krüger. Soll ich Sie einmal herumführen? Sie wollen ja sicher die Wohnung sehen, oder?«

Sie bemühte sich, unbefangen und locker zu wirken, aber es war ihr anzumerken, dass ihr die Situation unangenehm war. Natürlich war sie das. Wer würde sich da nicht unwohl fühlen? Meine Versuche, diese Situationen so angenehm wie möglich zu gestalten, sind wahrscheinlich ähnlich erfolgreich wie die motivierter Zahnärzte. Natürlich kann man das Wartezimmer freundlich und ansprechend gestalten. Man kann Getränke anbieten, für einfühlsames Personal sorgen und beruhigende Musik laufen lassen. Am Ende wird dann aber eben vielleicht doch gebohrt.

Die Wohnung der Krügers war sauber, ordentlich und hell. In keinem der Zimmer fand ich einen Schrank mit Panzerglas, in dem sich all die Waffen befanden. Auch sonst war nichts Auffälliges zu entdecken. Absolut nichts. Im Gegenteil. Alles war geschmackvoll eingerichtet.

Okay, ich gebe zu, es war auch nach meinem Geschmack eingerichtet, so dass ich mich sofort wohl fühlte. Ein massiver Holztisch bildete das Zentrum des Wohnzimmers. Weiter hinten stand ein riesiges weinrotes Sofa mit vielen Kissen und daneben eine massige Holztruhe sowie ein großes Bücherregal aus dunklem Holz. An den Wänden hingen ein paar alte Sternkarten und insgesamt vier mittelalterliche Schwerter. Ha! Ich hatte endlich »diese ganzen Waffen« gefunden.

Oder waren die eben doch irgendwo im Keller, unter dem doppelten Boden der Küchenschränke oder begraben unter Margarethas Insektensammelsurium in der Kühltruhe? Ließ ich mich gerade von dem oberflächlich positiven Bild der Krügerschen Wohnung einlullen?

Würde Herr Krüger gleich mit finsterem Blick und einer abgesägten Schrotflinte aus der Küche kommen?

Er kam tatsächlich.

Mit Kaffee, den er ins Wohnzimmer trug. Dort hatte mir Frau Krüger gerade einen Platz angeboten.

Ohne den schwarzen Mantel und im Sitzen wirkte Herr Krüger weitaus weniger bedrohlich.

Er legte seine Hand auf die seiner Frau.

»Was können wir denn tun, um diese Sache aus der Welt zu schaffen? Wir haben schon überlegt, wegzuziehen, aber Heikes Eltern wohnen hier. Und Margaretha hängt sehr an ihnen. Sie hat auch eine Freundin, die hier in der Straße wohnt. Aber …«

Er brach ab und fuhr sich mit der Hand durchs Gesicht.
»Aber das kann ja auch nicht die Lösung sein. Bitte, sagen Sie uns, was wir tun sollen. Wir schlafen kaum noch, seitdem es diese Gerichtsverhandlung gab. Wir haben einfach Angst, dass man uns Margaretha wegnimmt.«
Frau Krüger nickte und griff nach einer Packung Taschentücher, die auf dem Tisch neben der Kaffeekanne lag.
Ihr liefen Tränen über das Gesicht.
»Also«, begann ich. »Ich würde jetzt gerne wie vereinbart erst einmal mit Margaretha sprechen und sie ein wenig kennenlernen. Und danach wäre es schön, wenn wir ein Gespräch führen könnten. Passt Ihnen das so von der Aufteilung?«
Frau Krüger stimmte zu und erklärte, Margaretha sei bei ihrer Freundin, die ein paar Häuser weiter wohnte. Sie könne jetzt dort anrufen und darum bitten, dass Margaretha für das Gespräch mit mir nach Hause komme.
Ein paar Minuten später stand Margaretha vor mir.
Sie hatte dunkle lange Haare, in die ein paar Lederbänder geflochten waren, riesige braune Augen und das gesamte Gesicht voller Sommersprossen. Margaretha war barfuß und trug ein langes Leinenkleid mit einem braunen Ledergürtel, an dem mehrere lederne Taschen baumelten.
»Margaretha, ich hab dir doch gesagt …« Frau Krüger war offensichtlich gar nicht glücklich mit dem Outfit ihrer Tochter.
»Aber Mama, ich sollte doch gleich hierherkommen. Und da hab ich die Sachen eben angelassen. War das falsch?« Sie sah ihre Mutter mit großen Augen an.
Diese seufzte. »Nein, das war es nicht. Es ist nur … Manche Leute … Ach, du hast ja recht. So warst du schneller hier. Und jetzt gehst du mal mit der Frau Seeberg in dein Zimmer, ja?«

»Okay.«
Margaretha schaute mich an, nickte und ging vor.
Ich ging ihr gespannt hinterher.

Ihr Zimmer war auf den ersten Blick ein ganz normales Kinderzimmer. Wenn man genauer hinsah, fanden sich allerdings doch manche Dinge, die man hier nicht erwartet hätte. Auch an ihrer Wand hing ein Schwert. Ein kleineres als im Wohnzimmer, aber eben ein Schwert.
Margaretha hatte viele Bücher, und auf ihrem Schreibtisch standen Tintenfässer und mehrere Schreibfedern. Über dem Schreibtischstuhl hing ein großer dunkelbrauner Umhang, und daneben lagen am Boden einige Ledergürtel und -taschen. Im Regal lagen alte Messer bzw. Dolche. So genau kannte ich mich da nicht aus. Insgesamt sah das Zimmer eher wie ein Jungenzimmer aus. Alles war in Erdfarben gehalten. Kein Rosa weit und breit. Und kleine Glitzerponys fand man hier auch keine.
Margaretha setzte sich auf den rotbraunen Teppich und fragte mich, ob ich auch auf dem Boden sitzen oder ihren Schreibtischstuhl haben wolle. Ich entschied mich für den Boden.
Nach einer kurzen Aufwärmphase fragte ich Margaretha, ob es etwas gebe, das sie ganz besonders interessiere. Ihre Augen leuchteten: »Ja, ganz viel!«
»Zum Beispiel ...?«
»Alsooooo, das Mittelalter zum Beispiel. Wie die Menschen da gelebt haben und was die so gemacht haben und so. Und Schwertkampf und so was. Ich will unbedingt lernen, wie man ein Schwert schmiedet. Uuuuund dann kann ich jetzt auch schon Brot backen. Warte, ich hab ein Foto davon.«
Sie wühlte in ihrer Schreibtischschublade und kramte ein Foto hervor.

Ich konnte einfach nichts Gestörtes an ihr entdecken. Sie war ein wenig anders als der Prototyp eines Mädchens, und ihre Vorliebe für Mittelalter und Schwertschmiedekunst war sicher … besonders, aber gestört? Nein. Nun vielleicht kam das ja noch. Immerhin kannte ich das Mädchen noch keine Stunde.

Margaretha hielt mir ein Foto hin. Es zeigte sie in dem gleichen Kleid, das sie gerade trug. Sie trug noch so etwas wie eine Haube und hielt ein riesiges Brot über den Kopf wie einen Pokal. Im Hintergrund sah man helle Zelte und zwei Frauen, die ähnlich gekleidet waren wie Margaretha.
»Wo bist du da gewesen?«
»Na, auf einem Markt. Sieht man doch.«
Sie rutschte zu mir und sah mit mir auf das Bild. »Und daaahaaaa, da hinten, da kämpft mein Papa gerade.«
Ich konnte nichts erkennen.
»Dein Vater … kämpft??«
»Ja, mit den Schwertern. Der ist da richtig gut. Der hat mir das auch schon gezeigt. Ich kann schon … wie heißt das? Ich kann schon machen, dass der andere mich nicht trifft. Und ich kann auch gut angreifen. Soll ich zeigen?«
Sie war schon auf ihren Schreibtisch geklettert, um das Schwert von der Wand nehmen zu können.
Dann stellte sie sich vor mich in Pose.
Es sah toll aus. Mit ernster, aber nicht verkrampfter Miene kämpfte sie mit einem unsichtbaren Gegner. Sie war ganz und gar versunken in ihr Tun.

Mir dämmerte so einiges.
Ich hatte endlich kapiert, dass sie offenbar mit ihren Eltern häufig auf Mittelaltermärkte ging. Daher ihr Interesse am

Schwertkampf, an der Schmiedekunst und dem Brotbacken. Deshalb hing ein Umhang über ihrem Stuhl, und dort trug sie das Kleid, das sie heute anhatte. Als ich sie mit dem Schwert sah, ahnte ich, dass sie kein Kind war, mit dem ihre Lehrerin, Frau Drechsler, etwas anfangen konnte. Sie war nämlich … irgendwie anders. Ich empfand ihr Anderssein als sehr angenehm. Aber ich hatte den Verdacht, dass Frau Drechsler nichts übrighatte für Kinder, die anders waren. Und schon gar nicht, wenn es sich dabei um Mädchen handelte, die wussten, wie man ein Schwert führte.

Als ich Margaretha gebührend für ihren Schwertkampf gelobt hatte, fragte ich sie, was sie außer den Mittelaltersachen möge.
»Alsoooooo Tiere mag ich. Uuuuuund …«
Margaretha zählte noch diverse Spiele und Bücher auf, berichtete, dass sie gerne zeichne und bastle, aber ich wartete im Grunde nur darauf, dass sie mit ihrer Aufzählung fertig war, damit ich endlich nach den Tieren fragen konnte.
»Margaretha, du sagst, du magst Tiere. Welche denn?«
»Och, alle Tiere. Einfach alle.«
»Hast du irgendwelche Lieblingstiere?«
»Ja, klar! Hunde!«
Hunde? Warum Hunde? Ich dachte, Heuschrecken, Käfer oder Spinnentiere.
»Und außer den Hunden? Gibt es noch andere Tiere, die du magst?«
»Hab ich doch gesagt: alle.«
Ja, stimmt. Das hatte sie doch gesagt. Ich versuchte es anders.
»Wenn du alle Tiere magst, magst du dann auch so Tiere wie Regenwürmer, Käfer und Spinnen? Oder eher nicht so?«
»Ich mag wirklich alle Tiere. Nur vor Löwen und Tigern hätte ich Angst, glaub ich. Aber mögen tu ich die auch.«

»Und Insekten auch?«
»Ja, die auch. Das sind ja auch Tiere. Nur eben kleiner. Wobei … Hamster sind ja auch klein. Na ja, die haben Fell. Und Mäuse auch. Aber ich finde Hunde besser als Hamster.«
So kam ich nicht weiter.
»Margaretha …? Ich muss dich noch was zu Käfern und so fragen.«
Ich vermute, Margaretha hatte mittlerweile den Eindruck, dass die fremde Frau, die da auf ihrem Fußboden saß, ein äußerst merkwürdiges Interesse für Insekten hatte. Aber Margaretha schien ganz unbekümmert und antwortete: »Was denn? Ich kenn mich gut aus. Vielleicht weiß ich das ja, was Sie fragen wollen.«
Ich lächelte. »Ich möchte von dir wissen, ob du vielleicht auch manchmal Insekten sammelst?«
»Sammeln? Wie sammeln? Das sind doch keine Aufkleber, die man sammeln kann! Das sind doch Tiere!«
Margaretha war richtiggehend empört.
Sie liebte tatsächlich alle Tiere und machte da eben keinen Unterschied. Sie erzählte mir von Käfern und was die für wunderschöne Farben haben konnten. Und wie winzig ihre Füße waren.
»Als wir mit der Klasse im Park waren, hab ich diese Käfer gefunden. Die … Jetzt hab ich den Namen vergessen. Die sind so groß (sie zeigte etwa drei Zentimeter). Und die haben so eine schillernde Farbe, und man kann die gut anfassen, ohne dass die kaputtgehen. Das hab ich meiner Freundin gezeigt. Die fand das erst total eklig, aber dann hat sie die Füße gesehen und dass die so klein und irgendwie süß sind. Und dann wollte die auch gern einen. Und meine andere Freundin auch, und da hab ich meine Butterbrotdose genommen und welche reingetan, damit ich die den anderen geben kann. Die

wollten nämlich welche haben zum Gucken und so, aber die wollten keine einfangen.« Sie grinste. »Manchmal stellen sich Mädchen echt an …« Ihr Gesicht wurde ernst. »Ja, und dann hat meine Lehrerin … Die hat das gesehen. Also, erst nicht gesehen, weil ich die Brotdose schnell zugemacht hab, als die zu uns gekommen ist. Ich hab mir gedacht, dass die bestimmt keine Käfer mag. Und dann wollte sie wissen, was ich hinter meinem Rücken hab und so. Also, hab ich ihr die Dose gegeben. Und sie hat sie aufgemacht und ganz doll angefangen zu schreien. Und dann hat sie alle Käfer weggeschmissen. Das fand ich ganz schlimm, weil ich nicht weiß, ob denen das weh getan hat. Ich hatte schon ganz viele da drin, damit ich jedem Kind einen geben konnte, zum Angucken. Und sie hat sie so weggeschmissen.« Margaretha fuchtelte mit den Händen herum, um zu zeigen, wie ihre Lehrerin das gemacht hatte. »Das war echt schlimm! Die armen Käfer!« Margaretha sah wirklich sehr traurig aus.

»Was ist dann weiter passiert?«

»Die Frau Drechsler hat ganz lange rumgeschrien. Ich hab erst noch gesagt, dass ich die doch nur kurz in der Dose hatte, weil die anderen doch auch mal so einen Käfer haben wollten. Ich weiß gar nicht, warum sie so böse war. Die Frau Drechsler hat dann die Jasmina, also meine Freundin, gefragt, ob die so einen ekligen Käfer haben wollte. Und da hat die Jasmina nein gesagt. Ich fand das gemein von der Jasmina. Aber ich hab sie auch ein bisschen verstanden. Die Frau Drechsler war ganz schlimm wütend und hat so laut geschrien. Ich bin dann weggegangen und hab die Käfer gesucht, weil ich wissen wollte, wie es denen geht. Ich hatte Angst, die haben sich die Beine gebrochen. Dann hätte ich die mitgenommen, damit sie wieder gesund werden können. Ja, und dann hab ich nicht mitbekommen, dass alle zum Bus gegangen sind. Und dann hat

mich die Frau Drechsler suchen müssen. Da war die noch viel wütender als vorher. Das war schlimm.« Margaretha schaute zu Boden und malte mit dem Finger Muster in den Teppich. »Aber weißt du, was das Gute war?«
»Was denn?«
»Das war an einem Freitag, und da musste ich die erst am Montag wieder sehen.« Margaretha lächelte. »Und an dem Wochenende war ja wieder Markt, und da hab ich auch das Brot gebacken. Das vom Foto. Das war schön.«

Ich unterhielt mich noch eine Weile mit Margaretha über dies und das, erfuhr, dass sie dem Nico manchmal die Hausaufgaben machte, weil der so furchtbar langsam sei, und dass sie gerne reiten lernen würde.
Als Margaretha wieder zu ihrer Freundin gegangen war, warteten Herr und Frau Krüger schon mit einem Kaffee am Wohnzimmertisch.
Ich konnte mir nicht vorstellen, dass ich einen Gutachtenauftrag erhielt, weil ein Mädchen einmal eine Dose voller Käfer gehabt und danach die Abfahrt des Busses verpasst hatte.
Da musste es doch noch etwas anderes geben.

Ich bat Margarethas Eltern, mir ein wenig von Margaretha zu erzählen. »Wie ist sie denn so? Wie würden Sie sie beschreiben?«
Frau Krüger putzte sich die Nase und sah mich grimmig an. »Was wollen Sie hören? Wie sie ist oder wie viele Insekten sie so sammelt?«
»Wenn ich ehrlich bin, Frau Krüger, beides.«
Frau Krügers Geschichte deckte sich mit dem, was ich schon von Margaretha gehört hatte. Als könnte sie Gedanken lesen, erklärte Frau Krüger: »Ich habe Margarethas Freundinnen

gefragt. Und auch die haben es mir so geschildert wie Margaretha. Mein Gott, ich kam mir vor wie so ein schmieriger Privatdetektiv. Oder schlimmer noch: wie eine Mutter, die ihrer Tochter nicht glaubt.«
Sie stützte den Kopf in die Hände.
»Das war so furchtbar, als diese Frau Drechsler hier auftauchte und so tat, als wäre unsere Tochter eine Gefahr für die Allgemeinheit. Sie hatte uns schon vorher mal einbestellt, weil Margaretha die Hausaufgaben für andere Kinder gemacht hatte. Und weil sie im Unterricht manchmal verträumt ist. Himmel, sie ist eben ein soziales, liebes Kind, das ab und zu vor sich hin träumt. Ich verstehe das Problem nicht. Wirklich nicht. Sie wollte, dass wir Margaretha verbieten, anderen Kindern zu helfen.«
»Ja, das war wirklich eine absurde Situation«, pflichtete ihr Herr Krüger bei. »Wir hatten überlegt, uns beim Rektor über sie zu beschweren. Aber dann hat uns irgendwie der Mut verlassen.«

Ja, das konnte ich nachvollziehen. Da konnte einen schon mal der Mut verlassen, wenn man von einer Grundschullehrerin solche grotesken Dinge hört. So etwas durfte nicht passieren. Natürlich kann man unterschiedlicher Meinung sein, was das erwünschte Verhalten von Kindern betrifft. Keine Frage. Aber dass eine Lehrerin so weit geht, den Eltern Erziehungsunfähigkeit zu unterstellen und ihre Tochter als gestört zu bezeichnen – nur weil die Familie ein kleines bisschen anders war, das ging tatsächlich zu weit.
Dramatisch war die Gesamtsituation allerdings erst geworden, als das Jugendamt und auch das Gericht nicht weiter nachgeforscht, sondern gleich ein Gutachten eingefordert hatten. Hätte sich jemand vom Jugendamt oder die Richterin

einmal länger mit dem Ehepaar Krüger und Magaretha unterhalten, dann hätte man ihnen einige schlaflose Nächte ersparen können. Man muss wirklich kein Sachverständiger sein, um zu erkennen, dass hier offenbar eine Lehrerin, nennen wir es mal: übermotiviert war.
Glücklicherweise konnte die Begutachtung schnell beendet werden. Ich telefonierte mit dem Jugendamt und der Richterin. Es gab eine mündliche Verhandlung, und das Verfahren wurde eingestellt.
Der zuständige Mitarbeiter des Jugendamtes besuchte die Familie danach noch einmal zu Hause und entschuldigte sich für sein überambitioniertes und wenig besonnenes Verhalten.
Das hätte er nicht tun müssen, umso mehr freute ich mich darüber. Herrn und Frau Krüger tat diese Entschuldigung nämlich sehr gut.
Frau Drechsler entschuldigte sich erwartungsgemäß nicht. Sie blieb bei ihrer Einstellung, dass Margaretha gestört sei, und behandelte sie entsprechend. Dem Direktor der Schule war das Ganze wohl recht unangenehm, aber helfen konnte oder wollte er den Eltern und Margaretha nicht.
Er erklärte, er könne Margaretha nicht in die Parallelklasse versetzen, weil er damit sicher eine Flut an Anträgen auslösen würde. Wie solle er denn dann den anderen Eltern erklären, dass nur Margaretha die Klasse wechseln dürfe, andere Kinder aber nicht? Nein, das sei nicht möglich. »Da könnte dann ja jeder kommen.«
Was für ein dämliches Argument!

Herr und Frau Krüger machten sich also auf die Suche nach einer anderen Grundschule für ihre Tochter. Sie fanden eine, die sogar einigermaßen nah an ihrem Elternhaus lag. Margaretha war mit einem Wechsel einverstanden, nachdem sie einmal zu einem Probevormittag dort gewesen war und mit Begeisterung bemerkt hatte, dass ihre neue Lehrerin nicht herumschrie und auch nicht schimpfte, wenn man anderen Kindern half.

Traurig, dass so etwas nicht selbstverständlich ist.

Sehr schön aber, dass Margaretha nun noch eine unbeschwerte Grundschulzeit haben konnte, in der sie einfach sie selbst sein durfte, ohne für gestört gehalten zu werden. Mit oder ohne Käfer in der Brotdose.

Bist du Sonderschule?

Und dann hat der Em zu mir gesagt ›Fick dich, Alte!‹ und ist dann mit meiner Schwester weggefahren. Dass die dann überhaupt noch mit dem mit ist, die Alte, ey! Die spinnt doch wohl voll! Der Em hat nämlich vorher auch zum El gesagt, dass ich mit jedem in die Kiste steige, wenn der mir einen ausgibt. Dabei ist das voll nicht wahr! Und ich bin dann zu meinem Vater gezogen, damit ich meine blöde Schwester nicht mehr sehen muss, weil die mit dem Em rumhängt. Der ist voll behindert. Dabei war die eigentlich mit dem Ka zusammen. Der will aber was von mir! Der war nur mit der im Bett, weil damit der mich dann vielleicht im Bad sehen kann. So ist das nämlich! Aber das schnallt die nicht! Das geht mir voll auf den Wecker. Und deshalb hab ich keinen Bock mehr auf die alle da. Meine Mutter ist auch voll behindert. Die nervt nur rum, und ich soll nicht mit dem De weggehen, weil der angeblich Drogen nimmt und so. Ey, der nimmt keine Drogen. Ich schwör! Und wenn, dann ist das ja wohl voll meine Sache. Ich hasse das, dass die sich alle immer in mein Leben einmischen wollen! Das nervt so endlos! Da ist das ja wohl kein Wunder, wenn ich da nicht mehr hinwill! Echt!«

Vor mir saß Mandy, die aussah wie Mitte zwanzig, aber laut Akte gerade mal fünfzehn war.

Mir schwirrte ein wenig der Kopf. Ob von all den vielen merkwürdigen Namen oder ihrem intensiven Parfüm, ließ sich schwer sagen. Vielleicht lag es auch an ihrem farbenfrohen Make-up. Oder daran, dass sie bislang keine meiner

Fragen beantwortet hatte, sondern jeweils schon zu Beginn ihrer Antwort die Orientierung verloren hatte. Als würde sie durch einen Supermarkt laufen und wahllos Dinge beziehungsweise Gedanken und Gesprächsthemen aus den Regalen ziehen und in ihren Einkaufswagen werfen.

Ich versuchte, wieder auf meine eigentliche Frage zu kommen. »Mandy, du wolltest ja gerne, dass wir ein Gespräch führen, weil du mir etwas über deinen Vater erzählen wolltest. Was war das denn?«

Mandy riss ihre lila-rosa-grün geschminkten Augen auf. »Über meinen Vater? Was denn?«

»Das weiß ich nicht. Deshalb bin ich ja hier. Du hast mir eine E-Mail geschrieben und um ein Gespräch gebeten.«

Ich schlug meinen Ordner auf und zeigte Mandy ihre E-Mail. Sie runzelte die Stirn, und ich erwartete schon, dass sie gleich erklären würde, diese E-Mail nie geschrieben zu haben, als sie langsam nickte.

»Ach so ... Ja, wegen den Kleinen ... Also, wegen Kevin und Sandy. Weil die doch meinen Vater immer besuchen und so ...«

Mandy hatte zwei jüngere Geschwister, Kevin und Sandy, und eine siebzehnjährige Schwester, die erstaunlicherweise nicht Candy hieß, sondern Brigitte (allerdings französisch ausgesprochen). Alle vier Kinder wohnten bei ihrer Mutter, Frau Scholz, und deren neuem Freund, Herrn Ziegler. Ihren Vater hatten die Kinder häufig gesehen. Alles war mehr oder weniger gut verlaufen, bis Frau Scholz vor einigen Monaten ohne eine Angabe von Gründen jeglichen Kontakt zum Vater abgebrochen hatte. Sie hatte die Kinder nicht mehr zu ihm gelassen und war für ihn nicht mehr erreichbar gewesen. Zeitgleich war Herr Ziegler bei ihr eingezogen.

Der Vater der Kinder hatte dann beim Jugendamt vorgesprochen und erklärt, der neue Freund der Mutter schlage und missbrauche seine Kinder, weshalb Kevin, Sandy, Mandy und Brigitte umgehend zu ihm ziehen müssten.
Dies hatte eine Lawine gegenseitiger Vorwürfe ausgelöst, die das wahrscheinlich ohnehin schon etwas wackelige Familiensystem vollends ins Chaos gestürzt hatte.
Inzwischen lebte Mandy bei ihrem Vater, Brigitte war zu ihrem neununddreißigjährigen Freund nach Leipzig gezogen, und die beiden Jüngsten, der sechsjährige Kevin und die siebenjährige Sandy, waren in einer Bereitschaftspflegefamilie untergebracht worden. Glücklicherweise war die Pflegemutter früher Erzieherin in Kevins und Sandys Kindergarten gewesen und daher den beiden gut bekannt. Der Wechsel war also den Umständen entsprechend wenig dramatisch verlaufen.

Ich war mit der Begutachtung beauftragt worden, weil Herr Scholz einen Antrag auf Übertragung des alleinigen Sorgerechts gestellt hatte. Zeitgleich waren bei Gericht das Schreiben des Jugendamtes wegen möglicher Kindeswohlgefährdung sowie der Antrag der Mutter auf Ausschluss der Umgangskontakte mit dem Vater eingegangen.
Daneben liefen unzählige weitere Verfahren und gegenseitige Strafanzeigen. Es wirkte, als hätte die Familie ein neues Hobby gefunden, das sie nun exzessiv betrieb.
Der Berg an Vorwürfen war mannigfaltig und stellenweise so abstrus, dass Polizei, Staatsanwälte, Richter und das Jugendamt nichts anderes mehr tun konnten, als ratlos auf den wachsenden Berg an Akten zu starren.
Und ich stellte mich dazu und starrte mit.

Mandy war mal wieder nach den ersten Worten mit Bezug zu meiner Frage in andere Sphären abgedriftet. »... und dann bin ich mit dem Pe, dem Ka und dem anderen Pe nach Hause gefahren. Und dann heißt es, dass ich mit allen gefickt hätte. Hab ich aber gar nicht. Die sind doch alle nur neidisch! Und der Te ...«
Ich hielt es nicht mehr aus.
»Mandy, kannst du mir etwas zu deinen Geschwistern und deinem Vater erzählen?«
Sie rollte genervt mit den Augen und begann sich die Fingernägel zu lackieren, wobei sich der Lack mit ihrem Parfüm zu einem höchst skurrilen Geruchsbrei vermischte.
»Die beiden Kleinen sollen da nicht mehr hingehen. Ist doch klar! Letztes Wochenende, da waren die dann ja auch nicht da, weil meine Mutter die nicht mehr schickt. An dem Wochenende war ich mit meiner Freundin im Dance Palace. Da hab ich dann den Ex von meiner bescheuerten Schwester getroffen. Der hat auch einen Riesenhals auf die! Weil die sich allen gegenüber echt scheiße benimmt. Das ist voll daneben! Aber voll!! Da hat die dem gesagt ...«
»Mandy, tut mir leid, wenn ich dich unterbreche, aber können wir noch einmal über deinen Vater sprechen?«
Sie riss wieder die Augen auf und schaute mich mit ihrem Mandy-Gesichtsausdruck an.
»Wieso?«
»Weil ich doch dieses Gutachten für das Gericht schreiben werde und du meintest, du müsstest mir etwas Wichtiges zu deinem Vater erzählen. Das hattest du mir doch in dieser E-Mail geschrieben. Was war das denn, was du erzählen wolltest?«
»Ach das ... Na, dass die Kleinen nicht mehr zu dem zu Besuch kommen sollen. Das findet meine Freundin auch. Also, die andere Freundin. Nicht die, mit der ich ...«

»Mandy, bitte ...!«
»Was?«
»Bitte sag mir, warum du findest, dass deine kleinen Geschwister nicht mehr zu deinem Vater zu Besuch kommen sollten!«
Möglich, dass ich nicht mehr ganz so ruhig und gelassen klang, wie ich es mir gewünscht hätte. Aber wenn ich mir nun noch eine Geschichte von El, Em, En und Pe anhören müsste, würde ich Migräne bekommen. Mindestens.
»Hä? Ja, ist doch klar, warum. Weil der voll gar nicht mit denen umgehen kann!«
Ich nutzte eine Atempause und fragte schnell: »Woran merkst du das? Ich meine, was genau tut er denn, was nicht gut für Kevin und Sandy ist?«
»Na, alles eben!«
»Mandy, kannst du mir vielleicht ein Beispiel geben? Ja?«
Ich hatte zwar noch immer keine wirklichen Informationen von Mandy bekommen, aber zumindest blieben wir beim Thema. Das war ja immerhin etwas.
»Was weiß ich. Also, na ... alles eben. Der kann nicht mit denen umgehen! Voll nicht!«
»Was würdest du denn an seiner Stelle anders machen?«
»Was?? Wieso ich?? Ey, ich kümmer mich nicht um die! Das mach ich nicht! Ich hab auch ein Leben, ey!«
Mist. Ich hatte gedacht, dass ich diese Frage geschickt plaziert hätte und Mandy mir sofort ihre Verbesserungsvorschläge mitteilen würde, aus denen ich dann auf die ihrer Ansicht nach bestehenden Defizite des Vaters würde schließen können.
Fehlanzeige, Frau Sachverständige.
»Nein, Mandy, du sollst dich nicht um die beiden kümmern. Ich wüsste nur gerne, was dein Vater deiner Meinung nach nicht richtig macht oder besser machen sollte.«

»Der sollte mir mal mehr Taschengeld geben. Mit den paar Euros kann ich ja voll nichts anfangen. Da muss ich mich ja immer vom De und vom Ef und so einladen lassen ...«
Der Ef war neu, den hatte sie bislang nicht erwähnt.
Ich wüsste gerne, warum die Namen ihrer Freunde nur aus Anfangsbuchstaben bestanden. War das cool? Waren Mandy die Namen vielleicht einfach nur zu lang? Ich fragte lieber nicht nach. Stattdessen unternahm ich noch einen letzten Versuch, etwas über ihren Vater zu erfahren.
»Mandy, warte mal. Ich meinte damit nicht, was dein Vater dir gegenüber anders machen sollte, sondern, was er mit Kevin und Sandy anders machen sollte. Also, was denkst du? Was sollte er ändern, damit sie wieder zu ihm zu Besuch kommen können?«
»Gar nichts!«
»Gar nichts? Aber ...«
»Nee, gar nichts! Ich bin ja froh, dass die nicht mehr zu Besuch kommen. Die haben nur genervt, immer! Ich meine, die sind einfach nur zwei kleine blöde Nervensägen! Die sollen mal schön wegbleiben hier!«
Ich gab auf.

Mein anschließendes Gespräch mit Herrn Scholz fand nicht statt. Er kam nicht. Eine Viertelstunde nach der verabredeten Zeit erreichte ich ihn auf seinem Handy.
»Ah, nee. Das klappt nicht mehr heute. Ich hab doch keine Zeit.«
Wir vereinbarten einen neuen Termin, und ich bat ihn, diesen dann auch wahrzunehmen. Das empörte Herrn Scholz.
»Ja, klar nehme ich den Termin wahr. Was denken Sie denn?!«
Ja, was dachte ich denn?

Im Grunde versuchte ich gerade krampfhaft nichts zu denken …

Meinen nächsten Termin hatte ich mit Frau Scholz. Sie sah aus wie Mandy in älter und hatte leider auch deren Tendenz, Fragen nicht zu beantworten, sondern stattdessen vor sich hin zu plappern. Da sich aber in ihrem Geplapper keine Ems und Des tummelten, sondern viel Persönliches, was mir half, sie besser einschätzen zu können, ließ ich sie zunächst einmal reden.

Ich erfuhr unter anderem, dass Herr Scholz ihre ganz große Liebe gewesen war. Sie hatte von ihren Eltern nie die Aufmerksamkeit und Zuneigung bekommen, die sie sich gewünscht hatte. Immer wurde ihre kleine Schwester vorgezogen. Zumindest aus ihrer Sicht. Den Anekdoten zufolge, die Frau Scholz immer wieder einfließen ließ, hatte sich schon früh ein Kleinkrieg zwischen den Schwestern entwickelt, der sich von harmlosen Streichen bis hin zu massiven Handgreiflichkeiten und Verleumdungsklagen gesteigert hatte. Inzwischen war es »reiner Hass«, wie Frau Scholz berichtete. »Ich hasse die so sehr! Bis an mein Lebensende werde ich die hassen!«

Herr Scholz hatte als erster Mensch in ihrem Leben zu ihr gehalten und ihr sogar mehrfach dabei geholfen ihrer Schwester eins auszuwischen.

»Er war echt toll. Also, der kam auf Ideen, da wäre ich nie drauf gekommen. Wir haben lauter Kleinanzeigen für sie aufgegeben. Sogar in so Sexspalten.«

Frau Scholz bekam einen Lachanfall.

Danach erzählte sie von ihrer Ehe, die wirklich gut gewesen sei. Irgendwie hatte man sich dann aber doch etwas auseinandergelebt, und im Bett sei auch nichts mehr gelaufen. Herr Scholz habe dann eine eigene Wohnung bezogen. »Aber

irgendwie waren wir ja trotzdem weiter zusammen. Manchmal war er wochenlang hier. Oder er hat die Kinder abgeholt und danach noch hier gegessen. Das war alles gut so. Echt.«
Sie schwieg.
»Was ist dann passiert, Frau Scholz?«
Frau Scholz knallte ihre Kaffeetasse so heftig auf den Tisch, dass sogar aus der halb leeren Tasse Kaffee spritzte.
Ich wischte mir ein paar Tropfen von der Wange und meinem linken Arm.
»Dieses miese Arschloch! Das verzeihe ich dem nie! Niemals! Solange ich lebe! Nie!«
Sie fegte die Kaffeetasse vom Tisch und brüllte mich an:
»Wissen Sie, was der gemacht hat? Wissen Sie das??«
Nein, natürlich wusste ich das nicht. Aber ich hoffte sehr, dass ich es nun endlich erfahren würde. Nur bitte nicht in dieser Lautstärke.
»Mit meiner Schwester gefickt hat der! Mit meiner Schwester!!!«
Es ging offenbar noch deutlich lauter.
Allerdings war das ja nun auch … Also, ausgerechnet mit ihrer Schwester … Puh …
Tränen liefen über Frau Scholzens Wangen und hinterließen helle Spuren.
Da saß eine Frau Ende dreißig und wurde überrollt von dem Schmerz, den sie schon als Kind kaum hatte aushalten können. Das Gefühl, nicht geliebt zu werden, nicht gut genug zu sein, neben der Schwester nichts wert zu sein … All das spiegelte sich in ihrem Gesicht wider, das trotz der vielen Farbe plötzlich echt wirkte.

Ich hätte sie gerne getröstet. Mit ihr über ihre Gefühle gesprochen. Ihr geholfen. Etwas getan, damit sie sich besser

fühlte und sie sich nicht mehr so minderwertig fühlen musste. Aber ich war nicht hier, um Mitleid mit Frau Scholz zu haben oder sie über ihr Kindheitstrauma hinwegzutherapieren. Ich war hier, um zu schauen, was die beste Lösung für Kevin und Sandy – und wenn möglich auch Mandy – war.
Ich würde aber am Ende der Begutachtung mit Frau Scholz über die Möglichkeit einer ambulanten Therapie für sie sprechen.

Sollte sich Herr Scholz als verantwortungsvoller Vater herausstellen, bei dem es den Kindern im Großen und Ganzen gutging, dann gab es keinen Grund, dem Wunsch der Mutter zu entsprechen und die Besuche von Kevin und Sandy bei ihrem Vater zu unterbinden.
Aber ganz so einfach war die Situation eben doch nicht. Neben den vorhandenen Fakten gab es eben auch Menschen. Und Menschen haben Gefühle, die sich nicht von Tatsachen abstellen lassen.
Natürlich ist es nicht richtig, Kindern die Besuche beim anderen Elternteil zu verbieten. Zumindest dann nicht, wenn es keine triftigen Gründe dafür gibt, die sich auf das Wohl der Kinder beziehen. Selbstverständlich sollen Kinder aber auch niemals wen besuchen müssen, der sie vernachlässigt, misshandelt oder missbraucht. Niemals. Auch dann nicht, wenn derjenige der leibliche Vater oder die leibliche Mutter ist. Niemand darf Kinder so behandeln, auch nicht die leiblichen Eltern. Niemand.
Niemals.

Aber manchmal ist es so, dass ein Vater (meist ist es der Vater, der besucht wird, aber selbstverständlich gilt das auch umgekehrt) für seine Kinder vollkommen in Ordnung ist, die Mutter aber gerade für sie so schmerzhafte Erfahrungen machen musste, dass sie das einfach nicht mehr sehen kann oder will.

Das ist nicht in Ordnung. Natürlich nicht.

Aber es ist verständlich.

Eltern wählen in der Regel sehr genau aus, wem sie ihre Kinder anvertrauen. Und nach einer Trennung müssen sie ihre Kinder zumindest zeitweise genau der Person überlassen, von der sie verletzt wurden, auf die sie wütend sind und zu der sie unter Umständen kein Vertrauen mehr haben.

Das ist eine schwierige Situation. Und zwar in erster Linie für die Kinder, die mehr oder weniger von den Problemen ihrer Eltern belastet werden. Aber eben auch schwierig für die Erwachsenen.

Ich gestehe, dass ich oft genervt bin von Umgangsstreitigkeiten, weil ich es hier leider meist mit Erwachsenen zu tun habe, die vor lauter Partnerschaftskonflikten die Bedürfnisse ihrer Kinder aus dem Blick verlieren. Das kann sicherlich zeitweise jedem mal passieren. Aber wirklich nur »mal« – in einer ungünstigen Situation oder besonders schwierigen Lebensphase. Wenn aber Eltern über Wochen nicht bemerken, dass sie gerade nicht zum Wohl ihrer Kinder handeln und auch Hinweise von außen ignorieren, dann ärgert mich das sehr. Hin und wieder gipfeln diese Situationen in Umgangsverfahren, die vor Gericht landen und nur noch mit Hilfe von Sachverständigengutachten zu klären sind. Wobei eine »Klärung«

dann leider viel zu häufig in einer gerichtlichen Entscheidung besteht, die nicht wirklich etwas am Konflikt zwischen den Eltern ändert und dadurch auch den Kindern nur eine minimale Entlastung bietet.
Tatsächlich hilfreich sind für Kinder Eltern, die zur Einsicht gelangen, dass sie mit ihren Streitigkeiten in erster Linie denen schaden, die sie doch schützen wollen: ihren Kindern.
Ich habe bei allen Umgangsstreitigkeiten den festen Willen, eben das zu erreichen: Einsicht. Und in der Folge eine sinnvolle Veränderung, damit die Kinder wieder entlastet sind.
Das ist nicht leicht und manchmal auch unmöglich, aber ich versuche es jedes Mal aufs Neue. Und dabei habe ich schon einige Male positive Überraschungen erlebt. Eltern, denen ich nicht wirklich zugetraut hatte, für ihre Kinder über ihren eigenen Schatten zu springen, taten ebendies und waren langfristig dazu in der Lage, ihren Kindern Loyalitätskonflikte so weit wie möglich zu ersparen.
Und das ist wirklich keine leichte Aufgabe.
Wenn man darüber nachdenkt, wie sich der Freundeskreis eines Paares verhält, wenn es sich trennt, dann wird, finde ich, schnell deutlich, was Kinder in Trennungsfamilien zu leisten haben – zumal wenn sie von ihren Eltern nicht genug unterstützt werden.
Es gibt Paare, die sich in beiderseitigem Einvernehmen trennen und vom Liebespaar in mehr oder minder fließendem Übergang zu Freunden werden, die weiterhin gemeinsam Eltern sein können. So können die Kinder die wertvolle Erfahrung machen, dass eine Trennung nicht zwangsläufig mit gegenseitigen Vorwürfen und großem Streit enden muss, sondern dass daraus auch etwas Gutes entstehen kann. Ich kenne Familien, in denen gemeinsam mit neuen Lebenspartnern und Stiefgeschwistern Weihnachten gefeiert oder sogar Urlaube

verbracht werden, was ich persönlich einfach wundervoll finde. Leider sind solche Familien noch immer die Ausnahme. Selten ist jemand nach der Trennung eines Paares weiterhin mit beiden Teilen befreundet. Natürlich gibt es Freunde, die ohnehin eher die Freunde des einen oder anderen waren, aber auch Menschen, die vor der Trennung gesagt hätten, sie sind mit beiden befreundet, werden früher oder später den Kontakt zu einem von beiden auf ein Minimum beschränken. Niemand würde von ihnen verlangen, nach einer Trennung gefälligst mit beiden Teilen des Paares gleichermaßen befreundet zu bleiben, weil klar ist, dass man dadurch unweigerlich in Loyalitätskonflikte gerät. Weil man diese Konflikte kaum lösen kann und dadurch extrem belastet würde, sofern einem diese Menschen etwas bedeuten.

Was darf man dem anderen erzählen? Was soll man tun, wenn der andere nachfragt? Wie reagiert man auf Versuche des einen, den anderen schlechtzumachen? Wem darf man was anvertrauen, und wem muss man was verschweigen? All diese Fragen schwirren uns nach der Trennung eines befreundeten Paares im Kopf herum.

Für Kinder ist das nicht anders. Nein, das stimmt nicht. Es ist anders. Es ist viel, viel schwieriger, weil bedeutungsvoller und existentieller.

Man sollte meinen, dass das ja jedem Elternteil klar oder zumindest schnell erklärbar sein müsste. Theoretisch ist das auch so.

Wenn ich jemandem sage, dass es für Kinder nach einer Trennung der Eltern sehr schwierig ist, damit umzugehen, dass die beiden Menschen, die es am meisten liebt, einander aber nicht mehr lieben, ja sogar oft wütend aufeinander sind und sich inzwischen noch nicht einmal mehr leiden können, dann nickt derjenige verständnisvoll mit dem Kopf und seufzt wahrscheinlich ein wenig mitleidig. Im Grunde sind sich auch jeweils alle darin einig, dass Kindern selbstverständlich auch nach einer Trennung beide Elternteile so weit wie möglich erhalten bleiben sollen.

Wenn ich das Gleiche aber einer Mutter sage, die gerade vor Gericht dafür kämpft, dass der Vater der Kinder keinen Kontakt mehr haben soll, dann wird sie mir zwar ebenfalls zustimmen, aber sofort ausführlich erläutern, warum das in ihrem Fall etwas ganz anderes sei und dass es hier sogar eine Kindeswohlgefährdung bedeuten würde, wenn weiterhin Kontakte zum Vater stattfinden würden.

Es ist tatsächlich so, dass es meist die Mutter ist, die Umgangskontakte zum Vater verhindern will. Das liegt meiner Ansicht nach aber in erster Linie daran, dass Kinder nach einer Trennung eben häufig bei der Mutter bleiben, schon alleine weil die meisten Paare eine klassische Rollenaufteilung haben.

Ich habe sehr viele Fälle begutachtet, in denen allein der Konflikt der Eltern dazu geführt hatte, dass eine Mutter versuchte, Besuche ihrer Kinder beim Vater zu verhindern. Es waren so viele Fälle, dass ich im Laufe der Jahre tatsächlich hin und wieder gegen einen »Ach, das schon wieder«-Effekt kämpfen musste.

Mit diesem Effekt müssen sich auch andere Fachleute herumschlagen: Jugendamtsmitarbeiter, Anwälte, Verfahrenspfleger, Richter … Man ist irgendwann wahnsinnig genervt von »diesen umgangsverhindernden Übermüttern«, wie eine Richterin sie nannte, dass man Gefahr läuft, nicht mehr richtig zuzuhören und womöglich vorschnell nach dem Motto »Schon wieder so eine« zu urteilen.

Denn natürlich gibt es durchaus Fälle, in denen der Umgang der Kinder mit dem getrennt lebenden Elternteil ausgeschlossen, eingeschränkt oder auch begleitet werden muss. Und um nicht womöglich einen solchen Fall mit einem reinen »Ich finde meinen Ex-Mann bescheuert und gebe ihm deshalb die Kinder nicht mehr«-Fall zu verwechseln, muss man sich selbstverständlich mit jeder Mutter, die findet, dass es für ihre Kinder schädlich ist, den Vater zu sehen, eingehend beschäftigen.

Ende gut, alles gut?

Aber zurück zu Frau Scholz, die noch immer weinend am Tisch saß.
Sie schluchzte nicht mehr. Sie saß einfach nur da. Die Tränen, die ihr über das Gesicht liefen, waren das Einzige, das sich an ihr bewegte.
Ich wartete eine Weile. Dann bat sie, mir alles ganz in Ruhe zu erzählen.

Als ich nach fast drei Stunden die Wohnung von Frau Scholz verlassen wollte, um mich auf den Weg zum Jugendamt zu machen, kam gerade Herr Ziegler nach Hause. Zumindest wurde er mir von Frau Scholz als solcher vorgestellt. Ich selbst wäre nicht auf die Idee gekommen, dass es sich um den Freund der Mutter handeln könnte. Ich hätte ihn eher für De oder Ka oder einen anderen von Mandys Freunden gehalten. Er trug diese Jeans, bei denen man immer Sorge hat, dass der Hosenbund jeden Moment über die Knie rutscht, eine Baseballjacke und ein Cappy, das im Gegensatz zur Jeans zu klein war und deshalb recht lächerlich auf seinem Kopf hockte.
Herr Ziegler machte seltsame Dinge mit seiner Hand, die

wohl zusammengenommen eine Art Gruß darstellen sollten. Für mich war es wildes Herumgefuchtel, aber was wusste ich schon ...

»Alter ...!!« Herr Ziegler ließ sich auf das Sofa fallen und legte mit Schwung die Füße auf den Couchtisch. »Die vom Amt, die haben echt nicht mehr alle Latten am Zaun, ey. Alter! Was die alles wissen wollen. Alter! Die sind doch alle behindert!«

Frau Scholz war das Benehmen ihres Lebensgefährten offenbar etwas unangenehm.

»Schatz, das ist Frau Seeberg. Wegen der Begutachtung ...«

Herr Ziegler sprang auf und ging so zielstrebig auf mich zu, dass ich automatisch einen Schritt zurückwich.

Er kam sehr dicht vor mir zum Stehen und fuchtelte wieder mit der Hand. Diesmal war es sicher kein Gruß, sondern sollte seinen Worten Nachdruck verleihen. Alles in allem sah Herr Ziegler recht bedrohlich aus, wie er da wild gestikulierend vor mir stand.

»Ey, dieser Wichser! Oha! Alter! Dieser Wichser erzählt einen Haufen Lügengeschichten! Als ob ich mich an kleinen Kindern vergreifen würde! Der soll mal in meine Nähe kommen, der Wichser! Oha! Dann hält der sein blödes Maul, und zwar für immer!!«

Frau Scholz war inzwischen hinter Herrn Ziegler getreten und hatte mit leisen »Schatz ...«-Einwürfen versucht, ihn zu stoppen.

Sie legte die Hand auf seine Schulter.

Und so schnell, dass ich gar nicht recht sagen konnte, wie es passiert war, saß Frau Scholz auf dem Boden und hielt sich die Wange.

»Ey, bist du Sonderschule oder was?!?« Herr Ziegler brüllte erst Frau Scholz und dann mich an. »Haben Sie gesehen, was

die da gemacht hat? Haben Sie das gesehen? Die spinnt doch!«
Wieder an seine noch immer am Boden hockende Lebensgefährtin gewandt, schrie er: »Ey, erschreckst du mich noch mal so, bist du tot! Oha!«
Er stampfte zur Tür, riss sie auf, taumelte, weil er nicht bedacht hatte, dass die Tür keinen Widerstand leisten würde, fing sich wieder und verließ mit einem »Oha, Alter!« die Wohnung.
Das war zwar kein würdiger, aber ein durchaus konsequenter Abgang.
Oha!

Ich sagte meinen Termin beim Jugendamt ab und blieb noch eine Weile bei Frau Scholz. Nachdem sie mir eine ganze Weile versuchte hatte zu versichern, dass Herr Ziegler eigentlich »gar nicht so ist« und »sonst total lieb«, schlug sie die Hände vors Gesicht und stöhnte laut auf.
»Ich mach einfach alles falsch! Am liebsten wäre ich gar nicht mehr da. So eine Scheiße …!«
Ich besprach mit Frau Scholz, dass wir nun beide eine kurze Pause machen und uns danach noch einmal in Ruhe zusammensetzen würden. Ich brauchte einen Moment, um meine Gedanken zu sortieren. In dieser Familie gab es entschieden zu viele Baustellen – und dabei kannte ich erst einen kleinen Teil der Beteiligten.

Den ganzen Nachmittag sprachen Frau Scholz und ich darüber, wo ich die Schwierigkeiten sah, und wir überlegten gemeinsam, was sie tun könnte, um ihr Leben und das ihrer Kinder zu verbessern. Wir hatten diverse Möglichkeiten durchgesprochen und eine Liste mit realistischen Optionen erstellt.

Frau Scholz wollte sich gerne von Herrn Ziegler trennen, wusste aber nicht recht, wie sie es ihm sagen sollte, gönnte Herrn Scholz auch nicht die Genugtuung, dass ihre neue Beziehung wieder zu Ende war, und hatte Sorge, dass Herr Ziegler nach einer Trennung randalieren und dazu noch Lügen über sie verbreiten würde. Ich hielt ihre Sorge für begründet und bat Frau Scholz, bei einer möglichen Trennung Hilfe in Anspruch zu nehmen.
Sobald wir über Herrn Scholz sprachen, brach sie in Tränen aus und wiederholte nur immer wieder, dass sie »diesem Monster« auf gar keinen Fall jemals wieder ihre Kinder anvertrauen würde. Es sei ja schlimm genug, dass sie Mandy an ihn verloren habe. Er würde Kevin und Sandy ganz sicher so sehr gegen sie beeinflussen, wenn er sie erst einmal bei sich hätte, dass auch diese nicht mehr zu ihr zurückkämen. »Und außerdem: Was ist das für ein Mensch! Der hat doch kein Herz! Gar keins! Der ist ein Eisblock! Ein gemeiner Eisblock! Mit dem will ich nie wieder was zu tun haben! Nie wieder!«
In Bezug auf Herrn Scholz blieb es also schwierig.
Daneben sprach Frau Scholz aber an, dass sie vielleicht die Zeit, in der ihre Kinder ohnehin nicht bei ihr lebten, nutzen könnte, um eine Therapie zu machen. »Damit ich mal über meine Schwester wegkomme und über alles das. Das ist ja schon irgendwie krank, was da abläuft. Das seh ich ja auch ein. Und … na ja, und ich hab jetzt auch in letzter Zeit ganz schön viel getrunken. Also, Alkohol getrunken. Ich meine, ich bin keine Alkoholikerin, aber ich … Na ja, wer weiß das schon ganz sicher. Und wenn die Kinder jetzt ja gerade weg sind, dann kann ich ja erst mal alles mit mir selbst in Ordnung bringen, und dann können die auch alle wieder zu mir ziehen. Oder? Dann hab ich ja alles getan, was man tun kann. Richtig?«

Sicherlich wollte Frau Scholz in erster Linie langfristig ihre Kinder wieder bei sich haben, aber dass die Idee einer Therapie und die Vermutung, dass sie zu viel Alkohol trinke, von ihr selbst kamen, ohne dass ich es angesprochen hätte, zeigte mir, dass sie tatsächlich etwas ändern wollte. Zumindest in diesem Moment. Ob sie auch wirklich dabei blieb, würde sich zeigen.

Wir vereinbarten, dass wir uns in der kommenden Woche gemeinsam mit Herrn Oppermann vom Jugendamt zusammensetzen würden, um zu besprechen, was die nächsten Schritte wären.

Nur war ausgerechnet Herr Oppermann nicht gerade der motivierteste Mitarbeiter des Jugendamtes. Er zeichnete sich eher dadurch aus, dass er die Kakteen auf seinem Schreibtisch pflegte, Akten millimetergenau ordnete und generell am liebsten alleine war. Ich hatte immer das Gefühl, dass ihm die Anwesenheit anderer Menschen zuwider war oder ihn zumindest sehr anstrengte. Das waren nicht die besten Voraussetzungen, um als Mitarbeiter des Jugendamtes einen guten Job zu machen. Jedoch war mir Herrn Oppermanns phlegmatische Haltung schon einige Male zugutegekommen. Die Zusammenarbeit mit ihm gestaltete sich nämlich recht einfach. Es kamen zwar weder konstruktive Vorschläge noch eigenständige Handlungen von seiner Seite, aber eben auch keine Gegenvorschläge oder gar ein Widerspruch. Wenn man ihm zum Beispiel sagte, dass Familie X nun diese oder jene Hilfe benötige, erwiderte er »... aber wie soll ich das begründen?«. Dann bot man ihm an, die Begründung schon mal zu formulieren, so dass er sie nur kopieren und weiterleiten müsste. Dem stimmte Herr Oppermann dann großzügig zu. Und in der Folge wurde die notwendige Hilfe immer bewilligt.

Das Jugendamt war also sozusagen auf meiner Seite.
Und ich war einigermaßen zuversichtlich, dass Frau Scholz bei ihrer einsichtigen und veränderungsbereiten Haltung bleiben würde.

In den kommenden Tagen würde ich bis auf Brigitte den Rest der Familie kennenlernen und mir dann hoffentlich ein klareres Bild machen können.
Da war zunächst einmal der Vater der Kinder, den ich nicht so recht einschätzen konnte. Was war das für ein Mensch?
Einer mit einer dicken Lippe und zwei blauen Augen.
Ja, Herr Scholz sah tatsächlich aus, als hätte er einen Boxkampf hinter sich. Allerdings ohne Boxhandschuhe. Denn an seiner linken Hand konnte man diverse Verletzungen erkennen.
Herr Scholz folgte meinem Blick.
»Ja, der andere hat auch was abgekriegt. So isses nicht.«
Er lächelte etwas unsicher.
Meine Güte, er hatte auch einen Schnitt vor seinem linken Ohr und eine mächtige Schramme am Hals. Er musste in eine ordentliche Schlägerei verwickelt gewesen sein. Vor meinem inneren Auge flogen Stühle durch eine Kneipe, und Männer zerschlugen leere Bierflaschen auf den Köpfen anderer Männer. Dazu erklang ein Bud-Spencer-Terence-Hill-Geräusche-Potpourri.

Herr Scholz unterbrach mein Gehirnkino.
»Aber kommen Sie doch rein und setzen sich.«
Er hatte offenbar nachgedacht. Und sich auf den heutigen Termin vorbereitet.
Er entschuldigte sich dafür, dass er beim letzten Termin nicht gekommen war, und begann von sich aus über sein Verhältnis zur Schwester seiner Frau zu sprechen.

»Wissen Sie, ich weiß ja, dass das scheiße war. Und dass man das nicht macht und alles. Und ich könnte mir heute noch meinen ... na, Sie wissen schon, dafür abhacken. Also, das ... Dass ich mit der Anja ... Also, wenn ich es irgendwie könnte, dann würde ich machen, dass das alles nie passiert ist.«
Er sah mich hilfesuchend an.
»Was kann ich denn tun? Können Sie mir helfen? Bitte ...«
Herr Scholz erzählte, dass er Frau Scholzens Schwester Anja eigentlich nie leiden konnte. Aber als seine Frau nicht mehr mit ihm schlafen wollte und er sich »nicht mehr so als Mann gefühlt« hatte, sei Anja da gewesen. Sie habe ihm Komplimente gemacht. Ihn bewundert. Ihm immer wieder gesagt, wie sexy sie ihn finde. »Die hat echt krasse Sachen gesagt. Und mir dann nachts SMS geschrieben. Dass sie nackt im Bett liegt und an mich denkt und dass sie ... na, also, dass sie Lust hätte, mit mir zu schlafen, und lauter solche Sachen. Das war wie im Film. Sie hat mir Fotos von sich geschickt. Und als wir meinen Geburtstag gefeiert haben, hatte sie so ein Kleid an. Das war ... Das war gar kein Kleid. Eher Unterwäsche. Oder was weiß ich. Dann hat sie gesagt, dass sie keine Unterwäsche anhat. Dass sie nur noch an mich denken kann. Und dann hatte ich schon was getrunken. Und meine Frau hat nur an mir rumgenörgelt und ... Na ja, dann isses passiert. Das war der größte Fehler meines Lebens!«
Herr Scholz hatte sich am nächsten Tag bei der Schwester seiner Frau entschuldigt und erklärt, dass sie bitte nichts sagen solle. Er wolle die Beziehung zu seiner Frau nicht gefährden. »Und dann ging der Riesenpsychoterror los. Die hat mich erpresst. Immer wieder. Erst nur, dass ich mit ihr essen gehe und meiner Frau nichts erzähle. Dann wurde es immer heftiger. Sie hatte Fotos und auch ein paar SMS von mir, von früher ... Die, also, die waren sicher nicht okay ...«

Herr Scholz wusste sich nicht zu helfen und war auf alles eingegangen, was die Schwester seiner Frau gefordert hatte. Sogar als sie von ihm verlangt hatte, er solle zu Hause ausziehen. »Und dann hat sie doch dafür gesorgt, dass meine Frau alles erfuhr. Ich bin so ein Depp! Und dann war Funkstille.«
Als seine Frau dann auch noch einen neuen Freund hatte, von dem er über gemeinsame Bekannte erfahren hatte, dass er gewalttätig war, wollte er seine Kinder schützen.
»Eine Freundin hat mir den Rat gegeben, da gleich große Geschütze aufzufahren. Also, gleich anzeigen und sagen, dass die Kinder in Gefahr sind, weil sonst nix passiert. Ich dachte, dass sie sich dann vielleicht von dem Typen wieder trennt oder so. Ich hab doch nicht gedacht, dass die Kinder dann gleich in eine Pflegefamilie kommen. Ich hab … Ich weiß gar nicht mehr, was ich gedacht hab. Ich hab einfach alles kaputt gemacht. Alles. Und ich verstehe ja, dass es keine Möglichkeit mehr gibt, mich mit meiner Frau zu versöhnen. Ich hab einfach zu viel Mist gebaut. Aber ich will weiterhin für meine Kinder da sein. Irgendwie. Ich mache auch alles, was meine Frau verlangt. Ich will die nur bitte wiedersehen.«

Hier war einiges zu klären. Aber zumindest konnte man einen Teil des Knotens dieser Familie entwirren.
Ich erkundigte mich bei Frau Scholz, ob es für sie in Ordnung wäre, ein gemeinsames Gespräch mit dem Jugendamt, einer möglichen zukünftigen Familienhelferin, mir und auch dem Vater zu führen.
Frau Scholz war zunächst wenig angetan von diesem Vorschlag, stimmte aber schließlich unter der Bedingung zu, dass man sie nur nicht mit dem Vater alleine lassen werde. Dann könne sie nämlich für nichts garantieren.

Frau Scholz hatte sich noch am Tag des ersten Gespräches mit mir von Herrn Ziegler getrennt. Sie erzählte, dass er an jenem Tag sehr betrunken nach Hause gekommen sei und vorher offenbar eine heftige Schlägerei gehabt habe. Er schlug auch sie. »Viel heftiger als sonst so. Und mehr, und … Also, irgendwie hat es da bei mir ›klick‹ gemacht. Und dann war es gar nicht mehr so schwer. Ich hab ihn rausgeworfen. Der war so verdattert, dass er erst mal vor der Tür stand. Und da hab ich sie zugehauen, abgeschlossen und den Schlüssel stecken lassen, damit er nicht mehr reinkann.«
Herr Ziegler hämmerte an die Tür und brüllte, dass sie eine Hure und eine schlechte Mutter sei. Da er das lange und laut tat, riefen schließlich Nachbarn die Polizei.
»Danach war Ruhe.« Frau Scholz schaute mich erleichtert an. »Immerhin. Eins meiner Probleme hab ich gelöst. Es ist mir so peinlich, dass ich mich überhaupt auf diesen Typen eingelassen habe. Was müssen Sie jetzt von mir denken? Schrecklich … Aber das ist jetzt vorbei. Und ich habe ihn seit dem auch nicht wiedergesehen. Da bin ich wirklich froh. Ich hab so Angst gehabt, dass der jetzt ständig vorm Haus rumhängt oder so. Aber ich glaub, er hat schon eine Neue. Da hat er ja keine Zeit für so was …«

Am Tag des gemeinsamen Gespräches traf ich Herrn Scholz am Haupteingang des Gebäudes. Wir gingen zusammen durch das großzügige Treppenhaus in den ersten Stock, wo sich die Räume des Jugendamtes befanden.
Herr Scholz sah noch schlimmer aus als bei unserem Termin einige Tage zuvor, denn inzwischen hatten sich die Hämatome bunt verfärbt, und die beiden Schnitte waren entzündet und somit beinahe doppelt so dick. Dass dies ein Vorteil für den weiteren Verlauf sein könnte, hätte ich nie vermutet.

Ich klopfte an der Tür des Besprechungsraumes. Herrn Oppermanns lethargisches »Jaaa …« war zu hören. Und dann geschahen recht viele Dinge gleichzeitig.
Ich öffnete die Tür, trat ein, Frau Scholz schrie laut auf, rannte los, schubste dabei Frau Lindner, die Familienhelferin, beiseite und stürzte sich auf Herrn Scholz.
Es ging alles so schnell, dass wahrscheinlich niemand von uns hätte eingreifen können, selbst wenn wir im aktiven Verhindern von Gewalttaten etwas mehr Übung gehabt hätten. Wir hatten so gut wie keine und sahen alle regungslos und mit schreckgeweiteten Augen zu, wie Herr Scholz zurücktaumelte und beinahe zu Boden gegangen wäre.
Frau Scholz klammerte sich an ihn. Kreischte.
Und … küsste ihn?
»Mein armer, armer Liebling! Was ist denn nur mit dir passiert? Oh, mein armer Knuddelbär!«
W…??
Ich hatte schon so manche Überraschung bei gemeinsamen Gesprächen beim Jugendamt erlebt, aber noch nie eine Betüttel-knutsch-Attacke bei sich streitenden Paaren.
Herr Scholz wirkte zunächst ebenfalls überfordert, denn wahrscheinlich hatte er auch mit Wut und möglicherweise Handgreiflichkeiten gerechnet, nicht aber mit einer ihn überrollenden Welle aus Mitleid, Fürsorge und Liebkosungen.
»Mein armer Liebling! Wer hat dir das angetan?!«
Stimmt … Das hatte ich in meinem Gespräch mit ihm aufgrund meines Kneipenschlägerei-Gehirnkinos vollkommen versäumt zu fragen.
»Na, der Rainer. Ich dachte, du hättest …«
Weiter kam Herr Scholz nicht, denn Frau Scholz ließ erneut einen ohrenbetäubenden Schrei los.
»Den mach ich fertig! Dieses Schwein!!«

Offensichtlich kannte Frau Scholz diesen ominösen Rainer.
Ihre Wut hielt nicht lange an. Schon hielt sie wieder Herrn Scholzens Gesicht in beiden Händen, küsste seine Wunden und schluchzte: »Oh, mein armer Liebling! Und das alles ist meine Schuld. Das hat der Rainer nur gemacht, weil ich ihn so wütend gemacht hab. Das tut mir so leid! Oh …«
Alles Weitere ging in haltlosem Schluchzen unter.

Während ich noch heimlich in meiner Akte blätterte, um nachzusehen, ob es sich bei »Rainer« und »Herrn Ziegler« um ein und dieselbe Person handelte, griff Frau Lindner ein und schaffte so etwas wie Ordnung.
»Ich schlage vor, dass wir uns jetzt erst einmal alle setzen, einen Keks essen und uns beruhigen.«
Gute Idee!
Ich hatte inzwischen den Namen »Rainer Ziegler« in der Akte entdeckt und fand den Gedanken an Kekse äußerst verlockend.
Auch die Tatsache, dass Frau Lindner sofort begonnen hatte, Struktur in das Chaos zu bringen, gefiel mir.
Als alle Platz genommen hatten (Frau Scholz neben Herrn Scholz, Händchen haltend), war es auch Frau Lindner, die das Gespräch eröffnete. Herr Oppermann war ohnehin nur noch körperlich anwesend. Sein Geist war hinter der Zimmerpflanze in Deckung gegangen und buddelte sich gerade ein Loch.
Frau Lindner machte ihre Sache ganz wunderbar.
Sie kürzte allzu ausschweifende, gefühlsbeladene Gesprächsinhalte von Frau Scholz ab, lenkte den Fokus immer wieder auf die Kinder und deren Zukunft und hatte innerhalb von knapp zwei Stunden nicht nur die weitere Vorgehensweise geplant, sondern auch das Vertrauen der Eltern gewonnen. Sie

stellten sofort einen Antrag auf Hilfe zur Erziehung und vereinbarten Termine mit Frau Lindner für den nächsten Tag.
Und ich konnte mich nicht nur während des Gespräches einigermaßen entspannt zurücklehnen, sondern war mir auch sicher, dass sich dieses wackelige Familiensystem mit Frau Lindners Hilfe schon bald stabilisieren würde.
Herr Ziegler, der wegen Körperverletzung noch unter Bewährung gestanden hatte, würde zunächst einmal eine mehrjährige Haftstrafe absitzen müssen.

Zweifel

Frau Lorenz war eine außergewöhnlich schöne Frau. Sie war intelligent, einfühlsam, hatte einen Job, den sie liebte und mit dem sie gut verdiente, einen netten Freundeskreis, eine funktionierende Partnerschaft und einen ganz entzückenden sechsjährigen Sohn. Sie lebte in einer hellen Dachwohnung mit einem riesigen Balkon, der mit seinen gemütlichen Korbmöbeln und den vielen Pflanzen sofort Urlaubsgefühle weckte.

Und doch war Frau Lorenz vollkommen verzweifelt und weinte nun seit zwei Stunden fast ununterbrochen. Der Grund für ihre Verzweiflung war Herr Eckart, der Vater ihres gemeinsamen Sohnes Johannes. Sie hatte ihn verlassen, als Johannes zweieinhalb Jahre gewesen war.

Frau Lorenz' Beschreibungen klangen wie der Plot eines Psychothrillers: Herr Eckart hatte neben dem üblichen Telefonterror, der mir im Rahmen von Trennungsfamilien immer wieder begegnet, zunächst damit begonnen, Frau Lorenz immer wieder an ihrer Wohnung und ihrem Arbeitsplatz aufzulauern, um ihr entweder mit leuchtenden Augen einen riesigen Strauß Blumen aufzudrängen oder sie am Arm zu packen und ihr zu sagen, dass er ihr Leben zerstören werde. Er schickte ihr Karten mit romantischen Sonnenuntergängen und Liebesgedichten und nur einen Tag später Beileidskarten mit Trauersprüchen, die sich entweder auf den Tod ihres neuen Lebensgefährten oder ihren eigenen bezogen. Zweimal bereits war eine große Todesanzeige mit ihrem Namen in der Tageszeitung erschienen.

»Ich kann nicht beweisen, dass er das war. Er hat das alles so geschickt gemacht, dass man es nicht nachverfolgen kann. Aber wenn er mir dann mal wieder aufgelauert hat, hat er immer so Bemerkungen gemacht. Er *will*, dass ich weiß, dass er das war. Ich war schon oft bei der Polizei, aber die sagen immer, sie können gar nichts machen, wenn es keine Beweise gibt.« Frau Lorenz wurde wieder vom Schluchzen geschüttelt. »Ich hab gedacht, ich halt das aus, und irgendwann hört er auf … Aber das jetzt … Also, seit ein paar Wochen … Ich hab wirklich richtig Angst vor ihm. Und Angst um Johannes! Ich *kann* ihn da doch nicht mehr hinschicken!«

Herr Eckart schreckte seit einigen Wochen auch nicht mehr davor zurück, den gemeinsamen Sohn zu instrumentalisieren, um Frau Lorenz zu verletzen: Einige Tage nach Johannes' Einschulung hatte Herr Eckart in dessen Schule angerufen und erklärt, Frau Lorenz sei psychisch krank und man dürfe Johannes auf gar keinen Fall mit ihr gehen lassen, wenn sie ihn abholen komme, weil man sie als gefährlich einschätze. Ein gerichtlicher Beschluss werde der Schule zugehen.
Zwar ließ sich alles aufklären, aber zunächst einmal befanden sich Frau Lorenz, die Direktorin der Schule und natürlich auch der kleine Johannes in einer sehr unangenehmen Situation.
Deshalb war Frau Lorenz nun zum Jugendamt gegangen und hatte erklärt, dass Johannes seinen Vater bis auf weiteres nicht mehr besuchen würde. Man hatte ihr daraufhin geraten, einen entsprechenden Antrag bei Gericht zu stellen, was sie auch umgehend getan hatte.

»Und ich hab Johannes all die letzten Jahre zu diesem Mann gehen lassen! Ich versteh mich selbst nicht mehr. Ich hätte viel früher den Kontakt abbrechen sollen! Aber ich ... Ich hab immer gedacht, dass das doch sein Sohn ist. Auf den er so stolz ist und den er doch irgendwie ... liebt. Ich war so blöd! Der liebt nichts und niemanden. Nur sich. Ach, wahrscheinlich nicht mal das. Der ist einfach total zerfressen vom Hass auf mich. Weil ich es gewagt habe, ihn zu verlassen. Ich hab schon oft überlegt, einfach ins Ausland abzuhauen. Aber ich hab ja hier auch ein Leben. Ich meine ... Das kann doch nicht sein, dass er alles kaputt macht.« Frau Lorenz liefen die Tränen übers Gesicht. Sie rupfte zitternd ein Taschentuch aus der Packung, die auf dem Tisch lag, und wischte sich halbherzig über die Wangen.

»Ich hab mich all die Jahre so bemüht, sein unmögliches Verhalten mir gegenüber getrennt von unserem Sohn zu sehen. Ich wollte nie eine von den Müttern sein, die den Kindern den Vater nehmen, nur weil sie nicht mehr mit ihm zurechtkommen. Aber jetzt ... Also, nicht nur, dass er sich so unmöglich mir gegenüber benimmt und ich auch Angst vor ihm habe ... Ich glaube einfach nicht mehr, dass Johannes bei ihm sicher ist. Im Gegenteil.«

Herr Eckart hatte Johannes beim letzten Besuch erzählt, seine Mutter wolle ihn eigentlich gar nicht mehr. Er sei ihr angeblich lästig, weil sie durch ihn weniger Zeit und kaum mehr Geld habe. Wahrscheinlich werde sie ihn irgendwann einfach nicht mehr von der Schule abholen. Johannes, der sich ohnehin nicht leicht von seiner Mutter trennen konnte, hatte sich am Tag darauf geweigert zur Schule zu gehen. Johannes erschien der Mutter völlig verzweifelt und außer sich, und so hatte sie ihn nicht zur Schule geschickt und sich bei ihrer Arbeitsstelle entschuldigt. Schließlich hatte Johannes ihr bei einer Tasse Kakao alles erzählt.

»Es ist mir so schwergefallen, da ruhig zu bleiben. Ich wollte

ihn ja nicht noch mehr aufregen, aber ... Also, in diesem Moment hätte ich den Herrn Eckart am liebsten ... Wie kann man so grausam sein und seinem Kind so was ... Ach was, egal ob es das eigene Kind ist. Wie kann man so etwas tun?! Und was kommt da noch? Wer so was tut, der ...« Sie stockte, gestikulierte und sah sehr verängstigt aus. »Und dann ... Also, das war wirklich ...«
Frau Lorenz wurde blass und atmete schwer. Dann sagte sie leise: »Er hat Johannes' Kaninchen getötet.«

Frau Lorenz' Eltern lebten auf einem Hof mit Pferden, Katzen und einem großen, freundlichen Hofhund. Johannes besuchte seine Großeltern gerne und hatte irgendwann einen alten Kaninchenstall in der Scheune entdeckt. Er hatte so lange gebettelt, bis sein Großvater mit ihm zum Tierheim gefahren war, wo er sich zwei Kaninchen hatte aussuchen dürfen, die bei den Großeltern gehalten wurden. Johannes hatte sich gut um die Tiere gekümmert und sogar einmal im Sommer bei ihnen in der Scheune übernachten dürfen.

»Herr Eckart wusste genau, wie sehr Johannes an den beiden hängt. Und ich weiß, dass er das war! Ganz sicher! Gerade als ich mit Johannes dasaß und ihm erklären musste, dass ich ihn natürlich bei mir haben und immer von der Schule abholen würde, da rief meine Mutter an. Sie hatte die Kaninchen gefunden.«
Frau Lorenz hielt sich die Hand vor den Mund. »Ich darf gar nicht daran denken, was gewesen wäre, wenn Johannes das gesehen hätte!«
Beiden Kaninchen war der Kopf abgetrennt worden. Jemand hatte die Köpfe außen am Stall befestigt und zwei schwarze Pappkreuze danebengehängt. Die Kaninchenkörper lagen

zerstückelt im Käfig. Dummerweise hatten die Großeltern sofort alle Spuren der grausamen Tat restlos beseitigt, so dass auch hier nun keine Beweise mehr zu sammeln waren, die auf Herrn Eckart als Täter hätten hindeuten können.
Dieser Fall war ebenso dramatisch wie komplex. Denn da man Herrn Eckart nichts beweisen konnte, war bislang auch nichts strafrechtlich relevant. Ich würde also weiter an meinem Gutachten arbeiten, und dazu musste ich auch Herrn Eckart treffen. Mir war gar nicht wohl dabei.

Herr Eckart war ein ehemaliger Berufssoldat und arbeitete seit mehreren Jahren für wechselnde Sicherheitsfirmen. Er war groß, durchtrainiert und trug kurzgeschorene Haare, dazu einen schwarzen Anzug mit weißem Hemd und schwarzer Krawatte. Fehlte nur noch die Sonnenbrille.
Er begrüßte mich mit einem viel zu festen Händedruck, und bevor ich meine einleitenden Worte loswerden konnte, hatte er schon begonnen, mir jede Menge Fragen zu stellen. Ob ich für diesen Job denn qualifiziert wäre, wie lange ich ihn schon ausüben würde, wie genau ich nun eigentlich vorgehen wolle, ob ich überhaupt selbst Kinder hätte und was ich ihm für Fragen stellen wolle. Letztere wolle er nämlich sowieso vorher schriftlich haben und erst einmal überprüfen, ob diese so zulässig seien. Ich hatte natürlich schon des Öfteren mit offensiv auftretenden Personen zu tun gehabt und legte Herrn Eckart zunächst in ruhigem Ton meine fachlichen wie gerichtlich relevanten Kompetenzen dar. Die Frage danach war schließlich nicht unberechtigt. Gerade wollte ich ihm auch das grundsätzliche Vorgehen erläutern, als er mir mit eiskalter Stimme dazwischen fuhr: »Eins ist klar: Ich werde diesen Prozess gewinnen. Aber sie als Frau werden das versuchen zu verhindern. Sie haben ein Problem mit Männern.«

Es dauerte fast eine Stunde, bis ich überhaupt mit einer Begutachtung beginnen konnte. Herr Eckart stellte mir immer wieder provokante Fragen zu meiner Person und sparte nicht mit Tiraden auf die Justiz, Psychologen und Frauen im Allgemeinen.
Als ich ihm erklärte, dass ich die Gespräche gewöhnlich mit dem Einverständnis meiner Gesprächspartner aufzeichnen würde und ihn um ebendieses Einverständnis bat, war ich erstaunt. Herr Eckart nickte nur und grinste dabei.
Während des Gespräches beugte sich der Mann nun bei jeder Antwort zum Diktiergerät vor, sprach dann extrem laut und deutlich in das Mikrofon und lächelte mich dabei unablässig an. Dann lehnte er sich zurück und grinste noch etwas breiter. Zudem leistete er sich auf der Aufzeichnung nicht einen einzigen Fehltritt. Keine Schimpftiraden mehr, keine Beleidigungen oder Zweifel an meiner Kompetenz. Dafür überdeutliche, wohlgewählte Worte, die aufgeschrieben sicherlich völlig normal und nachvollziehbar wirken würden. Wenn man ihm aber dabei zusah, wie er sprach und dabei maskenhaft lächelte, wirkte es regelrecht gruselig.
Als ich ihn gegen Ende fragte, warum er durchgehend so ungewöhnlich laut und überdeutlich gesprochen hatte, lächelte er einfach weiter und sprach noch etwas lauter: »Nur damit Sie die wichtigen Stellen nachher auch hören, Frau Sachverständige …«

Ich habe mich noch nie in jemandes Gegenwart so unwohl gefühlt wie in der von Herrn Eckart.
Ich habe schon mit Vergewaltigern, Mördern und Menschen gesprochen, die ihre Kinder misshandelt und missbraucht haben, aber immer hatte ich irgendwann im Laufe der Gespräche doch immer irgendetwas – und sei es eine winzige Kleinigkeit –

gefunden, das man positiv bewerten konnte. Eine Verzweiflung vielleicht über das eigene unerklärliche Verhalten oder einen Anflug von Reue, fahrige Erklärungen, die das Geschehene irgendwie abmildern sollten, oder die Schilderungen einer eigenen schweren Kindheit, was darauf hindeutete, dass diese Menschen nicht gelernt hatten, sich jemals anders zu verhalten ... Bei Herrn Eckart fand ich nichts dergleichen.

Nach zwei Stunden in Gegenwart dieses kalten, berechnenden Menschen hatte ich das skurrile Gefühl, als hätte man versucht, mir alle Lebensfreude auszusaugen. Und es fühlte sich an, als wäre ich schon seit Tagen mit dem Mann in seiner Wohnküche eingesperrt.

Als ich schließlich das Diktiergerät ausgeschaltet und in meiner Tasche verstaut hatte, kam er unangenehm nahe an mein Gesicht. »Wenn Ihr stümperhaftes Gutachten dazu führt, dass ich meinen Sohn nicht mehr sehe, dann werden Sie bald gar nichts mehr sehen.« Ich sah ihn verständnislos an. Herr Eckart lächelte sein kaltes Lächeln. Dann stand er auf und blickte aus dem Fenster. »Ist bestimmt blöd, wenn man blind ist, als Sachverständige. Kann man ja gar nicht sehen, was die Leute so machen mit ihren Kindern ...«

Ich schluckte.

Diese Drohung war anders als alle anderen zuvor.

Dieser Mann war anders.

Ich versuchte, trotz der aufsteigenden Panik ruhig zu reagieren und wie üblich zu erklären, dass es grundsätzlich keine gute Idee sei, die Sachverständige zu bedrohen. Herr Eckart lachte nur trocken auf.

»Sie haben keine Beweise. Ich arbeite seit Jahren in der Sicherheitsbranche. Ich kenne mich aus. Sie haben keine Chance gegen mich. Sehen Sie das ein.«

Urplötzlich stand er vor mir und packte mein Handgelenk.

»Mich zu unterschätzen könnte ein sehr schwerer Fehler sein, Frau Seeberg.« Er drückte fest zu. »Ein nicht wiedergutzumachender Fehler.«
Dann ließ er los, lächelte freundlich und wünschte mir einen schönen Tag.
Ich fuhr mit einem sehr schlechten Gefühl nach Hause. Diese Situation war anders gewesen als all die anderen, in denen mich jemand hatte einschüchtern wollen. Ernster.

Am nächsten Tag parkte ich in einem Parkhaus in der Nähe des Gerichts. Ich beugte mich gerade vor, um meine Tasche aus dem Fußraum zu holen, als die Fahrertür aufgerissen wurde.
Ich erschrak und machte auch ein entsprechendes Geräusch.
»Oooooh, hab ich Sie erschreckt? Das wollte ich aber nicht ...«, säuselte Herr Eckart. Sein Gesicht war sehr dicht an meinem, zu dicht. Er war mir so nah, dass ich deutlich den Kaffee und die Zigaretten roch, die er sich offensichtlich vorhin genehmigt hatte.
»Ich wollte Ihnen nur mal guten Tag sagen. Das gehört sich doch so. Nicht wahr?« Bevor ich etwas erwidern konnte, grinste er wieder und knallte die Tür zu. Im nächsten Moment wurde sie erneut geöffnet.
»Ach ja ... Ihnen geht's so weit gut? Ich mein ja nur ... Sie haben einen gefährlichen Beruf. Da ist das nicht selbstverständlich, dass es einem gutgeht.«
Und schon war er wieder verschwunden.

Ich zitterte und hatte das Gefühl, kaum mehr atmen zu können. Zum ersten Mal in diesem Beruf hatte ich wirklich Angst.
Was, wenn er wirklich gefährlich war? Wenn er womöglich

nicht nur mir, sondern auch meinen Kindern etwas tun wollte? Mir wurde übel.
Was hatte ich für einen schrecklichen Beruf, mit dem ich womöglich meine Kinder in Gefahr brachte?
Was sollte ich nun machen?
Weitermachen?
Die Kinder rund um die Uhr bewachen?
Den Fall aufgeben?
Oder den Beruf?
Ich kramte, noch immer zitternd, mein Handy aus der Tasche und rief zu Hause an. Es war alles in Ordnung.
Noch.
Ich organisierte die nächsten Tage so, dass meine Kinder nirgendwo mehr alleine hingehen würden. Aber wie lange wollte ich das so handhaben? Wie lange konnte ich das? Ich fühlte mich ohnmächtig. Und ich war tatsächlich vollkommen ratlos.

Normalerweise half es mir immer, Fälle in meinen Supervisionsgruppen zu besprechen. Doch diesmal beunruhigte es mich im Grunde noch mehr. Denn obwohl alle bemüht waren, mich nicht zu belasten, sah ich doch deutlich die Sorge auf den Gesichtern meiner Kollegen.
Viele von ihnen waren auch schon einmal bedroht worden. Genau wie ich auch. Aber so ernstzunehmend, so direkt, so berechnend waren diese Drohungen bei keinem von uns je gewesen. Einen guten Rat hatte auch niemand. Ich spürte das Unbehagen meiner Kollegen, weil sie nicht helfen konnten, und fühlte mich nun noch schrecklicher. Zum einen tat es mir leid, dass ich sie damit belastete, und zum anderen wurde mir durch ihre Ratlosigkeit umso deutlicher, in was für einer schwierigen Lage ich war.

Als ich nach dem offiziellen Teil der Supervision noch mit drei Kolleginnen, die in den vielen Jahren so etwas wie Freundinnen geworden waren, bei einem Glas Wein saß, sprach ich aus, was ich vorher immer wieder weggeschoben hatte. »Ich mag nicht mehr.«
Für mich selbst überraschend, brach es plötzlich aus mir heraus. »Ich will nicht mehr mit Menschen reden müssen, die mich bedrohen. Oder die ihre Kinder missbrauchen. Ich will nicht mehr in Wohnungen sitzen, die so ekelhaft sind, dass ich danach meine Klamotten verbrennen möchte. Ich mag mir nicht den ganzen Tag grauenhafte Geschichten anhören müssen. Ich will nicht mehr in leere Kinderaugen schauen, nicht mehr die Hand von einem Kind an meinem Arm spüren, das drum bittet, dass ich es mitnehme, keine widerlichen, vollgemüllten Löcher mehr, in denen Kinder wie Tiere hausen müssen ... Ich ... Ich kann nicht mehr!«
Ich hatte Tränen in den Augen, und mein Ausbruch war mir peinlich. Meine Kolleginnen sahen sehr betroffen aus. Und erzählten mir dann Dinge, die eigentlich dazu dienen sollten, mich zu beruhigen und meine Gefühle in Relation zu setzen. Dummerweise hatte das alles einen gegenteiligen Effekt.

Es folgten Erzählungen von Sachverständigen, die von heute auf morgen völlig entnervt ihren Job hinwarfen, um etwas völlig anderes zu machen. Von Kollegen, die nach Begutachtungen gestalkt und massiv bedroht wurden und sich schließlich auch ein anderes Betätigungsfeld suchten – oftmals verbunden mit einem Wechsel des Wohnorts. Ich hörte von Burn-out, Depressionen und Suizidversuchen. Dazu Beteuerungen wie: »Ich weiß, was du meinst. Mir geht's ganz oft genauso.«
»Ja, ich kenn das auch. Dass man einfach nicht mehr will.«

»Oder nicht mehr kann.«
»Manchmal zittere ich so sehr, dass ich nachts nicht schlafen kann.«
Es war deprimierend.

Erst meine Lieblingskollegin Bärbel brachte wieder ein wenig positive Stimmung in unseren düsteren Abend. Sie klatschte einmal in die Hände, so dass wir sie alle ansahen. Dann sah sie in die Runde und sprach mit ruhiger Stimme. »Darf ich daran erinnern, dass unser Beruf hat auch gute Seiten hat? Danke. Ich bin gern Sachverständige.« Und sie erinnerte uns an all die Fälle, in denen wir wirklich etwas Gutes bewirkt hatten, und an die vielen Kinder, denen es nach unseren Gutachten besserging als zuvor.
Bärbel selbst war noch nie bedroht worden, hatte dazu aber eine grundsätzliche Haltung. »Das ist wie bei allen Erpressungen. Wenn du mitmachst, hast du schon verloren. Und was willst du jetzt tun? Den Jungen da weiter hinschicken, damit dieser Sicherheitsdienstfuzzi dir nichts tut?«
»Natürlich nicht!« Ich war empört.
»Siehst du. Also kannst du doch im Grunde nur ganz normal weiter begutachten.«
Bärbel hatte recht. Es ging um den kleinen Johannes. Und natürlich auch um Frau Lorenz. Und wenn Herr Eckart nun doch einen Fehler machen würde, dann konnte man ihm am ehesten etwas nachweisen, wenn ich diesen Fehler möglichst professionell protokollierte.
Verdammt.

Der zweite Begutachtungstermin von Herrn Eckart ist eine der unangenehmsten Erinnerungen meines gesamten Berufslebens. Es kostete mich viel Kraft, professionell zu bleiben und nicht einfach das Haus zu verlassen. Er bedrohte mich immer dann, wenn das Diktiergerät nicht lief, machte dafür aber während der Aufnahme ebenso eindeutige wie unhörbare Gesten, für die ich nachher keine Beweise haben würde außer meiner eigenen Aussage. Er schloss die Augen und tappte mit den Händen an seiner Kaffeetasse herum, als sei er blind, sprach dabei aber weiter, als wäre nichts. Als das Diktiergerät aus war, erkundigte er sich nach meinen Kindern, ob sie wohlauf seien und wie ich mir da so sicher sein könne. Er riet mir mehrfach, doch besser mal in der Schule anzurufen, denn er hätte da so ein Gefühl, dass etwas nicht in Ordnung sei. Nur ein Gefühl …

Ich blieb äußerlich ruhig, doch in mir schrie es: »Ruf in der Schule an! Deine Kinder! Er hat deinen Kindern was angetan! Warum sitzt du hier! DEINE KINDER!« Doch ich holte mich immer und immer wieder aufs Neue zurück auf den Boden der reinen Fakten. Meine Kinder wussten sowohl von meinem Beruf als auch von der momentanen besonderen Situation. Sie würden niemals mit irgendwem irgendwo hingehen, wurden während der Laufzeit dieses Falls grundsätzlich von mir oder meinem Mann begleitet, und ich hatte auch Nachbarn und andere Personen im Umfeld informiert und gebeten, bitte wachsam zu sein. Ich beschrieb das Auto von Herrn Eckart und den Mann selbst und war mir die meiste Zeit auch sicher, dass er es nicht wirklich wagen würde, seine Drohungen wahr zu machen. Welche Vorteile würde er davon haben? Ganz im Gegenteil, wenn er tatsächlich irgendetwas in der Richtung unternehmen würde, hätte ich etwas Handfestes gegen ihn in der Hand. Ihm ging es ganz sicher nur darum, mich einzuschüchtern, damit ich es nicht wagen würde, ihm den Zugang zu seinem Sohn zu verwehren.

Doch kaum saß ich diesem Mann wieder gegenüber, waren all

diese eben noch so klaren Fakten und Erwägungen wie weggewischt, und es kostete mich Unmengen Kraft, auch diese Begutachtung nach furchtbaren drei Monaten endlich, endlich abzuschließen.
Ich setzte mich an den Befund, und am liebsten hätte ich natürlich empfohlen, dass der Junge keinen Kontakt mehr zu diesem Mann haben sollte. Selbst wenn Herr Eckart nach der Sache mit den Kaninchen vielleicht keine offene Gewalt mehr ausüben würde, war er doch dazu in der Lage, psychische Gewalt auszuüben, und es war nicht abzusehen, ob und wie er sein eigenes Kind weiterhin dazu benutzen würde, um die Mutter zu verletzen oder mindestens zu destabilisieren. Trotzdem war er der Vater von Johannes, und es fand sich nichts in meinem Befund, was faktisch und stichhaltig einen Umgangsausschluss rechtfertigen würde. Ich verfluchte die Geschicklichkeit des Mannes und überlegte dann, wie ich dafür sorgen konnte, dass er seine Psychospielchen nicht gegenüber dem Kind würde einsetzen können. Schließlich entschied ich mich für sogenannte begleitete Kontakte zwischen Vater und Sohn. Er würde Johannes nicht alleine treffen dürfen, sondern nur unter Aufsicht einer entsprechend geschulten Fachkraft vom Kinderschutzbund. Diese Person war sozusagen eine laufende Audio-/Videoüberwachung und war noch dazu in der Lage, Situationen zu interpretieren. Insgeheim freute ich mich über die Vorstellung, dass Herr Eckart von nun an mit seinem Sohn nur noch »Mensch ärgere Dich nicht« spielen oder einen Ball über die Wiese kicken würde, während der Herr vom Kinderschutzbund ihn misstrauisch beäugte. Ich hatte da schon eine ganz spezielle Person im Auge und würde alles daransetzen, dass dieser Mann dem ach so gewitzten Herrn Eckart zugeteilt würde. Dirk hatte die Figur eines Kugelstoßers und verfügte über die Ruhe

und Gelassenheit eines Gebirgsmassivs. Dabei war er aber ein hervorragender Beobachter und Menschenkenner, dem man nicht so leicht etwas vorspielen würde. Ich hatte Dirk schon ein paar Mal empfohlen und war bei den entsprechenden Nachbegutachtungen immer sehr zufrieden gewesen.

Abschließend empfahl ich dringlich eine Therapie für Herrn Eckart, wohl wissend, dass er diese Empfehlung sicher nicht umsetzen würde, druckte das Gutachten aus und schickte es am nächsten Tag per Einschreiben ans Gericht.

Einerseits war ich erleichtert, es so weit überstanden zu haben. Andererseits hatte ich natürlich Angst vor Herrn Eckarts Reaktion auf das Gutachten und achtete verstärkt darauf, meine Kinder nirgendwo alleine hingehen zu lassen.
Nach Erhalt des schriftlichen Gutachtens machte Herr Eckart dann endlich, endlich einen Fehler. Aufgewühlt von meiner Einschätzung seiner Fähigkeiten als Vater und vielleicht auch maßlos enttäuscht, dass seine Einschüchterungsversuche bei mir nichts bewirkt hatten, schickte er ein wütendes zwanzigseitiges Pamphlet ans Gericht, das voll war mit Anschuldigungen gegen mich, das mutmaßliche Urteil, den Rechtsstaat im Allgemeinen und die Mutter im Besonderen. Und er hatte sich sogar dazu hinreißen lassen, sein Schreiben mit »Das werden Sie bereuen, Frau Sachverständige, dafür werde ich sorgen« zu beenden. Also gab es nun doch etwas, was dafür sprach, dass ein Mann mit seiner Persönlichkeitsstruktur seinen Sohn nicht ohne Aufsicht treffen sollte. Er hatte meine Empfehlung selbst untermauert.
War all das zwar theoretisch hilfreich für ein Urteil im Sinne einer zukünftig erträglichen Situation für den kleinen Johannes und seine Mutter, beruhigte es mich selbst nicht unbe-

dingt. Ich hielt es eher für die Ruhe vor dem Sturm und war zunehmend besorgt um die Sicherheit von Frau Lorenz und ihrem Sohn. Zu allem Überfluss hatte Herr Eckart vor, sich vor Gericht selbst zu vertreten. Das war insofern beunruhigend, als dass er somit keinen Anwalt an seiner Seite hatte, der beruhigend auf ihn hätte einwirken können. Das würde sicher gut laufen.

Der Rechtsverteidiger von Frau Lorenz war erfreulicherweise mein Lieblingsanwalt Herr Kuben. Ich war mir sicher, dass er Herrn Eckart ebenso einschätzen würde wie ich und dass er mein Gutachten richtig zu interpretieren wusste.

In der Verhandlung blieb Herr Eckart dann seltsam ruhig und spielte ganz den verständigen Vater, der nur das Beste für seinen Sohn wollte. Offensichtlich versuchte er, seinen zwanzigseitigen Wutanfall so gut wie möglich vergessen zu machen. Er ging auch mehr als einmal darauf ein, wie unangenehm ihm dies nun sei und dass er meine Kompetenz ja im Grunde gar nicht anzweifeln würde, nur sicherstellen wollte, dass man ihm eine professionelle Sachverständige geschickt hatte, die nicht irgendwelchen Mist über ihn zusammenschreiben und damit ihm und letztlich vor allem seinem armen kleinen Jungen schaden würde, weil man ihm den Zugang zu seinem leiblichen Vater verwehrte.
Mein Lieblingsanwalt blieb die ganze Zeit über seltsam still, nickte immer und immer wieder und bestärkte Herrn Eckart in dem Glauben, dass es für ihn ganz glänzend lief.
Ich war irritiert. Fiel Herr Kuben tatsächlich auf dieses Schmierentheater rein? Das konnte nicht sein! Aber was war hier los? Ich war mir sicher gewesen, dass Herr Kuben mein Gutachten garantiert richtig verstehen würde. Wenn, dann er!

Und nun saß er da, hörte diesem Verrückten zu, wie er sich als liebender Vater produzierte, und schwieg!
Schließlich endete Herr Eckart, setzte sich zufrieden auf seinen Platz und hatte sogar den Nerv, mir zuzublinzeln. Offensichtlich war ihm klar, dass er mit seiner Performance alle Bedenken ausgeräumt hatte. Entspannt streckte er die Füße unter dem Tisch durch und lehnte sich mit einem leisen Seufzer zurück.
In dem Moment tönte die Stimme von Herrn Kuben durch den Raum, der ziemlich plötzlich und ohne viel Umschweife zum Punkt kam und dem Gericht schon im ersten Satz dringend empfahl, meinem Gutachten unbedingt in *allen* Punkten zu folgen.
Überrascht drehte ich mich zu dem Anwalt um, doch er sah nur nach vorne und erklärte ebenso schroff wie sachlich, dass es aus seiner Sicht für das Wohl des Kindes keine Alternative zu meinen Empfehlungen gebe.
Ohne hinzusehen, spürte ich förmlich neben mir, wie es in Herrn Eckart brodelte. Herr Kuben schien das nicht zu bemerken, denn er erklärte nun noch wortreich, dass Herr Eckart meinem Vorschlag, sich in therapeutische Behandlung zu begeben, auf jeden Fall Folge leisten sollte.
Und da war es urplötzlich um die Contenance von Herrn Eckart geschehen: Live und in Farbe, für alle Anwesenden sicht- und hörbar ließ er sich zu einer weiteren Tirade hinreißen, in der er tatsächlich noch einmal ausschweifend darlegte, für wie unfähig er mich und im Grunde alle Sachverständigen hielt. Er sprang auf, fuchtelte mit dem Zeigefinger, deutete auf alle Anwesenden, drohte mit »der Presse« und dass er den Ruf des Gerichts und somit des Landkreises ruinieren würde, wenn der Richter der »schwachsinnigen Empfehlung der Sachverständigen« folgen würde, und man wüsste ja, was pas-

siere, wenn »der Politik ihre Stimmen flöten gehen«, denn dann würden ganz schnell »Köpfe rollen«, und er würde dabei zusehen und lachen!

Der Richter hörte ihm erstaunlich ruhig zu, wartete, bis Herr Eckart mehrere Minuten monologisiert hatte, und stellte ihm dann in einer kurzen Atempause in Aussicht, dass man sich bald wieder hier in diesem Saal wiedersehen würde, wenn er so weitermachte. Außerdem würde er dem Vorschlag des Anwalts und somit meiner Einschätzung folgen. In allen Punkten.

Herr Eckart öffnete den Mund. Dann schloss er ihn und setzte sich.

Und stimmte dann zu.

Nach der Verhandlung stürmte Frau Lorenz sofort auf mich zu, griff mit beiden Händen nach meiner rechten, schüttelte sie und wollte gar nicht mehr loslassen. »Danke, Frau Seeberg. Ich bin so froh, dass Johannes jetzt nicht mehr mit seinem Vater alleine sein muss! Danke. Danke. Danke!«

Frau Lorenz' Dankbarkeit und die Tatsache, dass Herr Eckart mit all seinen Drohungen eben doch nicht erreicht hatte, was er wollte, taten mir gut. Ich fühlte mich gleichzeitig erschöpft, aber eben auch gestärkt.

Ich erhaschte einen Blick von Herrn Kuben, der mich mit dieser für ihn typischen Mischung aus Warmherzigkeit und trockenem Humor ansah. Und ich wusste sofort, dass er mein Gutachten nicht nur verstanden, sondern auch noch goldrichtig interpretiert hatte. Zusammen mit dem zwanzigseitigen Pamphlet von Herrn Eckart hatte es ihm ein klares Bild von dessen Persönlichkeitsstruktur vermittelt, und er hatte ganz offensichtlich darauf hingearbeitet, dass der Mann seine

Fassung verlieren würde. Darum hatte Herr Kuben während der Ausführungen von Herrn Eckart diesem die ganze Zeit das Gefühl vermittelt, dass es gut für ihn laufen würde. Deshalb hatte er geschwiegen. Damit er dann im richtigen Moment so unvermittelt wie möglich vorstoßen konnte und so den Mann zu einem möglichst großen Ausbruch verleiten würde. Es war ein gewagtes Spiel gewesen, aber es war ihm gelungen. Und wie.

Herr Kuben bat mich nach der Verhandlung auf einen Kaffee in die Gerichtskantine, um mit mir über einen neuen Fall zu sprechen. Dies natürlich nicht ohne seine üblichen Scherze. Und als ich ihm so gegenübersaß, spürte ich, dass er mir sehr fehlen würde, wenn ich keine Sachverständige mehr wäre. Sicher würden mir auch meine Kolleginnen fehlen. Und Frau Ehring vom Jugendamt …

Die Arbeit als Sachverständige ist wirklich äußerst anstrengend und belastend. Aber wenn ich das den positiven Aspekten gegenüberstelle, dann ist mir klar, dass ich diesen Beruf weiter ausüben möchte. Denn neben all den schwierigen Momenten ist da auch die Freude über eine gelungene Einigung. Da gibt es diese intensiven Momente, wenn sich jemand wirklich öffnet und daraus neue Möglichkeiten entstehen, mit denen man zu Anfang nicht gerechnet hatte. Das Vergnügen, mit kompetenten und engagierten Fachleuten zusammenzuarbeiten. Und vor allem das gute Gefühl, die Situation eines Kindes so verbessern zu können, dass es entgegen allen Anzeichen nun eben doch eine Chance auf eine glücklichere Kindheit und eine bessere Zukunft hat.